国家示范性高等职业院校建设计划项目　中央财政支持重点建设专业
全国高职高专园林类专业规划教材

草坪建植与养护

主　编　刘云强
副主编　刘　军　王海荣
　　　　侯慧峰　张广燕

黄河水利出版社
·郑州·

内 容 提 要

本书是国家示范性高职院校中央财政支持重点建设专业规划教材之一。本教材打破了以往教材中章节模式,删减了一些草坪建植养护的基本理论,主要介绍了绿地、防护、运动草坪的建植与养护技术。本书共分为6个学习情境,分别为绿地草坪建植、防护草坪建植、运动场草坪建植、绿地草坪的日常养护技术、运动场草坪养护技术、草坪病虫草害防治。每个学习情境又分为几个典型工作任务。教材的整体设计以绿地草坪建植养护技术为主。

本书编写过程中本着"理论够用,注重实践"的原则,注重学生动手实践能力的培养。既可作为高职高专园林园艺专业草坪教材,也可作为本专业中等职业教育、城市园林行业成人培训的教材和参考书,还可供城镇绿地管理者阅读参考。

图书在版编目(CIP)数据

草坪建植与养护/刘云强主编. —郑州:黄河水利出版社,2012.8

国家示范性高等职业院校建设计划项目 中央财政支持重点建设专业

全国高职高专园林类专业规划教材

ISBN 978 - 7 - 5509 - 0286 - 2

Ⅰ.①草… Ⅱ.①刘… Ⅲ.①草坪 - 观赏园艺 - 高等职业教育 - 教材 Ⅳ.①S688.4

中国版本图书馆 CIP 数据核字(2012)第 122640 号

出 版 社:黄河水利出版社
　　　地址:河南省郑州市顺河路黄委会综合楼 14 层　　　邮政编码:450003
发行单位:黄河水利出版社
　　　发行部电话:0371 - 66026940、66020550、66028024、66022620(传真)
　　　E-mail:hhslcbs@126.com
承印单位:郑州海华印务有限公司
开本:787 mm × 1 092 mm　1/16
印张:9.25
字数:211 千字　　　　　　　　　　　　　　印数:1—3 100
版次:2012 年 8 月第 1 版　　　　　　　　　印次:2012 年 8 月第 1 次印刷
定价:20.00 元

前　言

　　草坪是城市园林景观生态系统的重要组成部分,是现代文明的象征。草坪可以提供人类与大自然接触的户外活动场所,草坪可以给我们创造一个优美的环境,草坪可以给我们提供一个高质量的运动场所。如今,许多大专院校的园林园艺专业都把草坪列为专业必修课,草坪建植与养护技能也成为学生必须掌握的专业技能之一。

　　高职高专教育是我国高等教育的重要组成部分,近年来高职高专教育有了很大的发展,为社会主义现代化建设事业培养了大批急需的各类技能型人才。但同时,经济、科技和社会发展也对高职高专教育提出了许多新的、更高的要求。鉴于草坪业的需求与高职高专教育的这种要求,我们编写了这本《草坪建植与养护》教材,以更好地满足生产和教学所需。

　　针对高职高专教育的特点和培养高素质技能型人才的要求,在本书编写过程中本着"理论够用,注重实践"的原则。打破了以往教材的章节模式,把草坪建植与养护的主要内容分为6个学习情境,每个情境又分为几个任务。教材整体按照实际操作过程设计,把以往教材中独立的操作过程整合为明确的实践任务。在缩简学习内容的同时,强化了技能培养。

　　本书共有6个学习情境,学习情境一:绿地草坪建植,主要介绍了绿地草坪建植过程,详细介绍了常见草坪草的知识。学习情境二:防护草坪建植,主要介绍了植生带、喷播建植技术。学习情境三:运动场草坪建植,以足球场草坪和高尔夫球场草坪为例,介绍了运动场草坪的建植过程。学习情境四:绿地草坪的日常养护,主要介绍了日常修剪、浇水、施肥等养护方法。学习情境五:运动场草坪养护技术:主要介绍了打孔、梳草、铺沙等常用的养护技术。学习情境六:草坪病虫草害防治。教材的整体设计以绿地草坪建植养护为主。防护草坪、运动草坪建植养护只简单介绍了整个实施过程。

　　本书由辽宁农业职业技术学院刘云强担任主编,河南科技大学林业职业学院的刘军和辽宁农业职业技术学院的王海荣、侯慧峰、张广燕担任副主编,河南科技大学林业职业学院的唐敏参编。具体分工如下,学习情境一、二、三、四由刘云强、张广燕编写,学习情境五由刘军、唐敏编写,学习情境六由王海荣、侯慧峰编写。另外,辽宁农业职业技术学院的张玉玲、赵思金,辽阳经济作物研究所的张晓波、于春雷也参与了部分编写和统稿工作。

　　在本书编写过程中参考和引用了大量有关文献资料,在此谨向有关作者表示诚挚的谢意! 由于作者水平有限,错误之处在所难免,敬请各位同行和广大读者批评指正。

刘云强

2012 年 6 月

目　录

学习情境一　绿地草坪建植

任务一　选择草坪草种

【参考学时】

　5 学时

【知识目标】

- 认识草坪在园林绿化中的重要作用。认识正确选择草种在播种法建坪中的作用。
- 了解草坪、草坪草的含义,草坪草的形态特征,草坪草的分类方法。
- 掌握本地区常用草坪草的种类和习性,冷(暖)季型草坪草的生长发育特点。

【技能目标】

- 能运用草坪草基本知识对草坪草种的质量进行鉴定,做发芽试验。
- 能够根据建坪场地的气候、环境特点选择适宜的草坪草种。

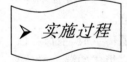 实施过程

一、选择草坪草种

草坪草种的选择是一门科学性、技术性较强的系统工程,不仅涉及草坪植物的分类、栽培,还涉及气候、土壤、水文等学科。因地制宜,正确、科学地选择配比草种,是获得健康、美丽草坪的基础和关键。那么怎样选择草坪草种呢?

(一)草种选择的依据

1. 建坪地的气候土壤条件

这是草种选择的首要条件,所选草种必须适应建坪地的气候、土壤条件,否则很难保证建坪成功。即使建植成功,后期的养护管理也会遇到各种麻烦,最终导致草坪过早退化,建坪失败。

2. 草坪的功能要求

一定要根据草坪功能,选择具有不同特点的草种。如观赏草坪,可选用观赏效果好的草地早熟禾、紫羊茅、细叶结缕草、沟叶结缕草、细弱翦股颖、马蹄金等。护坡草坪,应选用根系发达、匍匐生长、草丛茂密、覆盖度大、适应性强的草种,如结缕草、狗牙根、假俭草等。

运动场草坪,可选用狗牙根、中华结缕草、假俭草、高羊茅、草地早熟禾、黑麦草等较耐践踏的草坪草种。

3. 后期养护实力

建坪单位往往只注意当时的造价而忽略之后长期的养护管理费用。通常对建坪地区环境适应能力和抗逆能力强的草种,栽培养护粗放,费用较少。一般单位附属绿地、道路绿地养护水平较低,适宜选择耐粗放管理的草坪品种;运动场草坪和观赏草坪养护水平较高,可选择需要精细养护的草坪品种。

总之,草坪草种选择要综合考虑上面三种情况。另外,同一草种不同品种间生长习性和养护管理要求差异也很大,在选择草坪草种时要充分考虑不同品种间的差异。

(二)草种的选择方法

1. 优先选用乡土草种

我国的草种种质资源丰富,品种类型繁多,各地都有较优良的乡土草种。如长江以南的普通狗牙根、结缕草、假俭草,华北地区的中华结缕草,西北、东北地区的早熟禾、紫羊茅、黑麦草等。这些乡土草种的适应性强,只要栽培得当、精细管理,都能培育出优质草坪,而且造价低廉。

2. 适度引进外来草种

为了充实草种资源,丰富植物多样性,提高观赏效果,满足草坪多种功能要求,除乡土草种外,还要适度引种异地优良草种。如从国外引进的高羊茅、早熟禾、黑麦草的一些品种在北方广泛种植,高羊茅在长江流域也有较好的表现,丰富了我国的草种多样性。

3. 科学配置混合草种

选定的草种或品种,可以单种形成单一草坪,也可以混种形成混合草坪。混合草坪可以是同种不同品种,也可以是同属不同种,甚至是不同属间的各种混合。

草种的混播技术常用于冷季型草坪的建植。混播的不同组成在遗传组成、生长习性、对光肥水的要求、对土壤适应性以及抗病虫性等方面存在着差异,使之组成的混合群体具有更强的环境适应性和优势互补性。混播的主要优势在于混播群体比单播群体具有更广泛的遗传背景,因而具有更强的对外界的适应性。草坪混播时为了出苗整齐和便于前期的养护管理,宜选用出苗时间和成坪时间相差不大的种或品种。

二、草坪草种的选购

(一)选购标准

种子质量是建坪的重要保证,优质草种表现为品种纯正、发育饱满、草种千粒重大、杂质少、种子活力高、发芽率及纯度高等。千粒重是 1 000 粒种子的重量,同一草种千粒重大的说明种子发育饱满充实,营养物质多,播种后发芽率高;种子的活力是指活种子的百分率,或在某一标准实验室条件下种子的发芽率,用数量百分数表示;种子的纯度是指某一种子或某一栽培品种中含纯种子的百分率,以重量百分数来表示。

(二)选购注意事项

首先要注意种子的纯度,尤其注意杂草种子的比率,杂草种子含量高会给后期养护管理带来很大的麻烦;其次要注意种子的活力,尤其注意种子的生产日期,一般都选用前一年生产的草坪草种,出芽率比较高,成坪效果好;最后要注意产地,尤其注意原产地与建坪地的气候土壤条件是否相似。

三、草坪草种子发芽试验

种子的发芽力是指种子在适宜条件下能发芽并能长成正常种苗的能力。种子发芽力通常以发芽率和发芽势来表示。种子发芽率是指在适宜条件下,样本种子中发芽种子的百分数,用下式计算:

$$发芽率 = (发芽种子粒数 \div 供试种子粒数) \times 100\%$$

发芽势是指在适宜条件下,规定时间内发芽种子数占供试种子数的百分数。发芽势说明种子的发芽速度和发芽整齐度,表示种子生活力的强弱程度。用下式计算:

$$发芽势 = (规定时间内发芽种子粒数 \div 供试种子粒数) \times 100\%$$

它们都是测验种子发芽能力的,发芽率主要测试种子发芽的多少,发芽势主要测试种子生命力的强弱。

发芽试验用来测定种子的最大发芽潜力,可以比较不同种子的质量,也可以估测田间播种量。种子播种前做好发芽试验,可根据发芽率的高低计算播种量,这既可以防止劣种播种,又可保证草坪苗齐苗全,为建植优良草坪打下基础。生产上常用滤纸作为发芽床,进行发芽力测试,试验步骤如下:

(1)从待测草种中随机取 3 次重复,每次重复取 100 粒种子。

(2)把圆形的滤纸放置在培养皿中,用蒸馏水润湿滤纸,保证各重复间发芽床含水量一致。

(3)把取出的种子均匀分布在润湿的发芽床上,每粒种子间隔距离为种子直径的 5 倍以上。

(4)保证每粒种子充分接触水分,使发芽一致。

(5)在培养皿的侧面贴上标签纸,注明日期、样品编号、草坪草种名称等,盖好培养皿盖。

(6)把各个培养皿放置于人工气候室内,调整好人工气候室的温、湿度,进行暗培养。

(7)每天检查记录发芽状况,发芽床要始终保持湿润。

(8)记录第 10 天和终期 1 天的发芽情况,计算发芽势及发芽率。

在上述操作过程中应保证种子间保持足够的生长空间。如有种子发霉,应取出洗涤后放回原处。当霉烂种子超过 5% 时,应更换发芽床,防止传播,并对腐烂种子作剔除记录。

相关知识

一、草坪和草坪草的含义

草坪是人类日常生活中随处可见,存在极其普遍的一种绿色地面,是人类栖居地的构成部分,是宝贵的自然资源。草坪的存在可以构成丰富多彩的景观效果,它与乔木、灌木、草本花卉及山水、建筑有机结合,构成和谐、稳定、优美的园林景观。因此可以说,在现代园林中草坪所起的作用越来越重要。

(一)草坪的概念

关于草坪的概念一直不够统一,在生产和使用上也比较混乱,但不管是自然生长的还是人工建植的,都与人们的生活息息相关。根据草坪的现状和发展可将其归纳为:草坪(Turf)是指多年生低矮草本植物在天然形成或人工建植后经养护管理而形成的相对均匀、平整的草地植被,是由草坪草地上部分以及根系和表土层构成的整体。其目的是保护环境、美化环境,以及为人类休闲、游乐和体育活动提供优美舒适的场地。草坪这个概念一般包含以下三个方面的内容:

(1)草坪的性质为人工植被。它由人工建植并需要定期修剪等养护管理,或由天然草地经人工改造而成,具有强烈的人工干预的性质。以此和天然草地相区别,天然草地不应叫做草坪。

(2)草坪基本的景观特征是以低矮的多年生草本植物为主体相对均匀地覆盖地面。用于草坪的植物大多是禾本科植物,以此和其他园林地被植物相区别。

(3)草坪具有明显的使用目的。一般是为了保护环境、美化环境,以及为人类娱乐和体育活动提供优美舒适的场地,以此和放牧地或人工割草地相区别。

(二)草坪草的概念

1.草坪草的概念

草坪草是指能够形成草皮或草坪,并能耐受定期修剪和人、物使用的一些草本植物品种或种。草坪草大多数是叶片质地纤细、生长低矮,具有扩散生长特性的根茎型和匍匐型或具有较强分蘖能力的禾本科植物,如草地早熟禾、黑麦草、高羊茅、结缕草、野牛草、狗牙根等;也有部分符合草坪性状的其他的矮生草类,如莎草科、豆科、旋花科等非禾本科草类,如马蹄金、白三叶、苜蓿等。

2.草坪草应具备的特性

(1)植株低矮,覆盖能力强,有茂密的叶片及根系,或能蔓延生长,覆盖力强,长期保持绿色。

(2)耐修剪(耐频繁修剪,耐强度修剪,修剪高度为 3~6 mm),生长势强劲而均匀,耐机械损伤,尤其在践踏或短期被压后能迅速恢复。

(3)便于大面积铺设,便于机械化施肥、修剪、喷水等作业。

(4)开花及休眠期尚具有一定观赏效果和保护作用,对景观影响不大。

(5)叶片破损后不致流出汁液或散发不良气味。

(6)抗病虫、抗寒、抗热、抗盐碱性强,抗性相对牧草要强。与杂草竞争力强,易养护管理。

(7)繁殖力强,禾本科草通常结种量大,发芽率高,或具有匍匐茎等强大的营养繁殖器官,或两者兼有,易于成坪,受损后自我恢复能力强。

这么理想的草在自然界中找不到,因此现在的草坪基本靠人工播种来实现。地域不同,选用种类也不同。

草坪草与草坪是两个不同的概念。草坪草只涉及植物群落,是指作为地面覆盖的草本植物,而草坪则代表一个生态有机体,它不仅包括草坪草,还包括草坪草生长的环境部分。

二、草坪草的形态特征

草坪草大部分是禾本科草本植物,在草坪草中占有极其重要的地位。下面以禾本科草坪植物为例讲述草坪草的形态特征(见图1-1-1)。

(一)草坪草的根

根是植物的重要器官。具有吸收水分和矿质养料的作用。禾本科草坪草的根主要有两种类型,一是由种子萌发时胚根直接发育而来的,称为初生根;另一是种子萌发以后着生于植株茎节上的,称为不定根(也叫做次生根)。通常,初生根在草坪播种当年就会死亡,而植株生长发育所需要的水分和矿质营养主要靠种子萌发后不断形成的不定根吸收供给。草坪草的不定根数量多而密集,是构成禾本科植物根系的主体。

禾本科草坪草的根系属于须根系,数量多,在土壤中的分布广,这样有利于禾草在不良环境下从更大的范围内吸取植株生长所需的水分和养料,以增强植株的适应性。

(二)草坪草的茎

草坪草的茎通常有两种类型:一种是与地面垂直生长的叫直立茎,另一种是水平方向生长的叫匍匐茎。匍匐茎又分两类:一类是位于土壤表面的称匍匐枝(茎),另一类是位于土壤表面之下的称根状茎。匍匐枝可生长发育新的不定根和枝,但它生长在地面上。具匍匐茎的草坪草有匍匐剪股颖、粗茎早熟禾、结缕草等。根状茎生长于地下近地表处,可以在它的顶端和节上长出新的枝,同时节上能够产生不定根。具有根状茎的草坪草有草地早熟禾、匍匐紫羊茅和小糠草等。狗牙根不但具无限根状茎(无限根状茎长且节上具有分枝),同时也具有匍匐茎。

草坪草茎基部靠近地面的部分称为根颈,往往部分或全部被叶鞘所包围。在营养生长发育阶段,根颈是极度缩短的茎,节间很短,被压缩在一起,节几乎连续。当开花的时候,这些节间伸长,标志着营养生长向生殖生长的过渡。花茎从闭合的叶鞘中伸出,其顶端发育成花序。

(三)草坪草的叶

叶是植物进行光合作用的主要器官,一般由叶片、叶柄、托叶三部分组成,但禾本科草坪草的叶由叶片和叶鞘组成,呈两列交互着生于茎的节上,无叶柄。叶鞘开裂或闭合,紧密抱茎。有些草坪草在叶鞘和叶片连接处的内侧,有膜质片状或毛状的结构叫叶舌。与

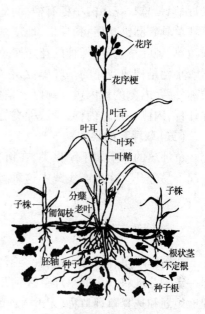

图1-1-1　草坪草全株器官示意图
(引自《草坪科学与管理》,胡林等,2001)

叶舌相对,在叶的外侧,是淡绿色或微绿色的叶环。有些在叶片与叶鞘相连处的两侧边缘,叶片的基部延伸呈爪状附属物称为叶耳。叶舌、叶环和叶耳是鉴别禾本科植物种类的重要识别特征。

(四)草坪草的花序

花是植物重要的生殖器官。禾本科草坪草的花序基本的组成单位是小穗,由小穗再组成各式各样的花序。禾草的花序通常有三种,即圆锥花序、总状花序、穗状花序。圆锥花序由分枝的穗状花序或总状花序构成,整体外形呈圆锥状。总状花序和穗状花序比较接近,只是总状花序的小穗有柄,而穗状花序的小穗无柄。早熟禾、高羊茅、翦股颖等属的草坪草具有圆锥花序;狗牙根、地毯草、黑麦草、野牛草、冰草的花序为穗状花序;结缕草、假俭草、钝叶草、美洲雀稗的花序属总状花序。

小穗是构成花序的基本单位,有的有柄,有的无柄。小穗下端通常有两个颖片,外侧的称外颖,内侧的称内颖。颖以上是一朵至数朵小花,每个小花外有两个苞片,外侧一片称外稃,内侧一片称内稃,少数种类的外稃顶部或背部有芒。

(五)草坪草的果实

草坪草的果实属于闭果类,在植物学上称为颖果,含一粒种子,果皮和种皮紧密愈合一起不易分开。在生产实践中这种颖果可以直接作播种材料用,所以这种果实也叫"种子"。

三、草坪草的分类

我国草坪草种资源丰富,种类繁多,特性各异,根据不同的标准分为不同的类型。根据一定的标准将众多的草坪草区别开来称为草坪草分类,目的在于帮助绿化单位正确合理地规划和选择草坪草种(品种)。草坪草是根据植物的生产属性从中区分出来的一个特殊化了的经济类群,因此在分类上无严格的体系。草坪草分类通常是在大经济类群的基础上,借助植物分类学或对环境条件的适应性等进行的多种分类。

(一)依植物学系统分类

以植物的形态特征为主要分类依据,按科、属、种、变种进行系统分类,并附国际通用的拉丁名。在植物系统学分类中,每一种植物都有各自的分类位置,代表它所归属的类群及进化等级,表明它们与其他植物亲缘关系的远近。如草地早熟禾的分类位置如下:

植物界 Plantae

种子植物门 Spermatophyta

被子植物亚门 Angiospermae

单子叶植物纲 Monocotyledoneae

禾本目 Poales

禾本科 Poaceae

早熟禾属 *Poa*

草地早熟禾 *Poa pratensis* L.

1.禾本科草坪草

草坪草的主体植物。现今用的草坪草种主要集中在禾本科,分属于羊茅亚科、黍亚科、画眉亚科。常用的主要是早熟禾属、翦股颖属、羊茅属、黑麦草属、结缕草属的植物。

2.非禾本科草坪草

禾本科以外符合草坪性状的低矮植物均属于此类,常用的主要有莎草科苔草属的异穗苔草和卵穗苔草、百合科的沿阶草、豆科的白三叶草、旋花科的马蹄金等。它们一般都具有发达的匍匐茎,耐践踏、耐修剪、繁殖力强、覆盖力强、适应性强,容易形成草坪。

(二)依草叶宽度分类

1.细叶草坪草

此类草茎叶纤细(叶宽 1 ~ 4 mm),可形成平坦致密的草坪,但生长势较弱,要求光照充足、土质好和较高的管理水平,如翦股颖、细叶结缕草、早熟禾、紫羊茅、马尼拉、细叶羊茅及野牛草、台湾草。

2.宽叶草坪草

此类草叶宽茎粗(叶宽在 4 mm 以上),适应性强,适用于较大面积的草坪地,如结缕草(北京球场用的多)、假俭草、地毯草(华南用的多)、竹节草、高羊茅等。

(三)依草坪草株体高度分类

1.高型草坪草

此类草株高通常为 20 ~ 100 cm,一般用播种繁殖,生长较快,能在短期内形成草坪,适用于大面积草坪的铺植,其缺点是必须经常进行刈剪,才能形成平整的草坪,多为密丛型草类,无匍匐茎,补植和恢复较困难。常见草种有早熟禾、翦股颖、多年生黑麦草、高羊茅等。

2.低矮型草坪草

此类草株高一般在 20 cm 以下,可形成低矮致密草坪,具有发达的匍匐茎和根状茎。耐践踏,管理方便,大多数种类适应我国夏季高温多雨的气候条件,多行无性繁殖,形成草坪所需时间长,若铺装建坪则成本较高,不适于大面积和短期形成草坪。常见种有狗牙根、结缕草、细叶结缕草、假俭草、马尼拉、野牛草、地毯草、台湾草等。

(四)依生长习性分类

1.根茎型

此种草具有根状茎,从根状茎上长出分枝。根状茎在土壤中较深,要求疏松土壤。如狗牙根、无芒雀麦等。

2.丛生型

此种草主要通过分蘖进行分枝,分蘖节位于地表或地下 1 ~ 5 cm 处,侧枝紧贴主枝或与主枝成锐角方向伸出。如多年生黑麦草(疏丛型)和紫羊茅(密丛型)等。

3.根茎－丛生型

此种草由短根茎把许多丛生型株丛紧密地联系在一起。如草地早熟禾等。

4.匍匐茎型

此种草茎匍匐地面,不断向前延伸,在茎节上发出芽,长出枝叶,向下长出不定根。如狗牙根、匍匐翦股颖等。

(五)按用途分类

草坪草按用途可分为运动场草坪(草)、绿地草坪(草)、水土保持草坪(草)等。草坪的不同功能性需求对草坪草的具体要求不同,观赏草坪草强调草种的外观美感,而运动草坪草则更强调草种的耐踏压性和触感,水土保持草坪则要求草种的综合抗性要强。

(六)依气候与地域分类

1.冷季型(冷地型)

冷季型草类主要分布在我国长江流域以北地区(华北、东北、西北),以播种繁殖为主,最适生长温度为15~25 ℃,生长的主要限制因子是最高温强度与持续时间,在春秋季各有一个生长高峰。

欧洲大多数国家常用此类型草。因欧洲冬季不冷、夏季不热,且降雨多,所以也叫西洋草。

冷季型草坪草的优点如下:

(1)耐寒性强,一般最低可耐-40 ℃低温,适宜在我国长江以北地区种植,如早熟禾属、翦股颖属等。

(2)绿期长。有的品种当年播种苗可达330天,但随着年龄增长可减少30~50天;一年中有春秋两个生长高峰期,夏季生长缓慢,并出现短期休眠现象。

(3)生长迅速,品质好,用途广,可作所有用途的草坪。

(4)可用种子繁殖,也可用营养繁殖,大多数种类种子产量高、价格低。

冷季型草坪草的缺点如下:

(1)抗病虫能力差,抗热性差,持续高温会受到伤害。如高温高湿持续一周,就会病死。

(2)要求管理精细,如防病虫、浇水、除杂草等,管理费用高。

(3)使用年限短,一般8~10年。

冷季型草主要是早熟禾属、黑麦草属、羊茅属、翦股颖属等。

冷季型草坪草耐高温能力差,在南方越夏困难,必须采取特别的养护措施,否则易衰老和死亡。但某些冷季型草坪草,如高羊茅和草地早熟禾的某些品种可在过渡带或暖季型草坪区的高海拔地区生长。

2.暖季型(暖地型)

暖季型草坪草最适生长温度为26~32 ℃,主要分布于我国长江以南的广大地区。生长的主要限制因子是低温强度与持续时间,夏季生长最为旺盛。

暖季型草坪草的优点如下:

(1)耐热性好,一年中仅有夏季一个生长高峰,春秋生长较慢,冬季休眠。抗病,抗性较强。

(2)抗旱、抗病虫能力强,管理相对粗放,管理时间长。几乎不得病,有时有锈病。

(3)生长低矮(与冷季型草相比),耐低修剪,耐践踏。

(4)以无性繁殖为主,也可种子繁殖(种子产量低)。

(5)具有相当强的竞争力和侵占力,群落一旦形成,其他草很难侵入,因此暖季型草多单播,很少混播。

暖季型草坪草的缺点如下:

(1)绿期短,颜色淡绿,品质一般,品质参差不齐。

（2）抗寒能力较差,在低温下容易枯黄褪色。

暖季型草坪草主要有结缕草属、狗牙根属、假俭草属、地毯草属、野牛草属等。

暖季型草坪草最易受到的伤害是低温及其持续的时间长短。冬季呈休眠状态,早春返青复苏后生长旺盛,进入晚秋,一经初霜,其茎、叶枯萎褪绿,只要低于 10 ℃,"十一"过后不久就枯黄。

暖季型草坪草大多有匍匐茎、根状茎,耐踩,许多运动场草坪应用。生长相对冷季型草坪草速度慢,形成大量草坪用的时间长。光合能力强,生活力强,所以耐干旱;分布在热带、亚热带地区,喜温暖湿润,不耐严寒,原产地绿期可达 280 ~ 290 天,在华中、华南、西南绿期均可达到 280 ~ 290 天,而在北京只有 180 ~ 190 天。

四、冷季型草坪草

冷季型草坪草最适生长温度为 15 ~ 25 ℃,广泛分布于气候冷凉的湿润、半湿润及半干旱地区。在南方越夏较困难,必须采取特别的养护措施,否则易于衰老和死亡。草地早熟禾、细叶羊茅、多年生黑麦草、匍匐翦股颖都是我国北方最适宜的冷季型草坪草种。

（一）早熟禾属(*Poa* L.)

早熟禾属草坪草是世界上使用最为广泛的冷季型草坪草之一,有 200 余种。生长特性包括丛生型、根状茎型和匍匐茎型。最常用的有草地早熟禾、加拿大早熟禾、普通早熟禾、一年生早熟禾、林地早熟禾等。早熟禾属草坪草共有特征是具有船形的叶尖及位于叶片中心主脉两侧的两条半透明平行线。

1. 草地早熟禾(*Poa pratensis* L.)

草地早熟禾又名六月禾、蓝草、光茎蓝草、草原莓系、长叶草等。原产欧洲、亚洲北部及非洲北部,现遍及全球温带地区。我国黄河流域、东北、江西、新疆、内蒙古、甘肃、西藏等地均有野生种分布。

[**形态特征**]　多年生草本(见图 1-1-2),具细根状茎,秆直立、丛生、光滑,高 30 ~ 80 cm;叶鞘疏松、包茎,具纵条纹;叶舌膜质;叶片条形,柔软,宽 2 ~ 4 mm,叶尖船形,在叶片主脉两侧各有一条半透明的平行线;圆锥花序开展,分支下部裸露;小穗长 4 ~ 6 mm,含 3 ~ 5 朵小花;颖果纺锤形,具三棱,长约 2 mm。

[**生态习性**]　喜光耐阴,喜温暖湿润,耐寒能力强。抗旱性差,夏季炎热时生长停滞,春秋生长繁茂。适于生长在湿润、肥沃、排水良好的土壤中。根茎繁殖力强,再生性好,具有较强的抗病性。

图 1-1-2　草地早熟禾
(引自《草坪科学与管理》,胡林等,2001)

[**繁殖栽培**]　草地早熟禾通常用种子繁殖。种子繁殖成坪快,播种量 8 ~ 12 g/m²。直播40 天即可形成新鲜草坪。成坪后修剪高度一般为 2.5 ~ 5.0 cm。草地早熟禾生长 4 ~ 5

年后逐渐衰退,会形成坚实的枯草层,4～5年后采用土壤穿刺法、断根法、补播一次草籽等是管理中十分重要的工作。

[应用特点]　生长期较长,草质细软,颜色光亮鲜绿,绿色期长,适宜公共场所作观赏草坪。常与黑麦草、小糠草、紫羊茅等混播建立运动草坪场地,效果较好。

2. 加拿大早熟禾(*Poa compressa* L.)

加拿大早熟禾又名扁茎早熟禾、加拿大蓝草。原产欧亚大陆的西部地区,现广泛分布于寒冷潮湿气候带中更冷一些的地区,如加拿大。我国长江以北地区有引种栽培。

[形态特征]　多年生草本,具根状茎,秆呈半匍匐状,光滑,茎基部扁平,高15～50 cm。叶片长10～20 cm、宽1～4 mm,蓝绿色。圆锥花序顶生,长2～3 cm。小穗排列紧密,几乎无柄,含小花3～6朵。

[生态习性]　耐寒性强,耐阴性也优于草地早熟禾,耐践踏能力也强,寿命长,不耐低修剪。能在贫瘠、干旱土壤上良好生长,适宜的土壤pH值为5.5～6.5,在江南地区一年四季能保持绿色。

[繁殖栽培]　可采用种子建坪,亦可采用铺草皮的方法建坪。播种量6～8 g/m²。该草种既可单播也可与草地早熟禾等混播。由于加拿大早熟禾生殖枝数量较多,因此要勤修剪,以抑制其生长,一般最适修剪高度为7.5～10 cm。

[应用特点]　加拿大早熟禾不能形成密集的高质量草坪,因此常用于路边、固土护坡等质量要求不高、管理粗放的草坪建植。

3. 粗茎早熟禾 (*Poa trivialis* L.)

粗茎早熟禾又名普通早熟禾、粗糙早熟禾。原产北欧,为北半球广布种,因其茎秆基部的叶鞘较粗糙,故称之为粗茎早熟禾。我国北方地区均有栽培。

[形态特征]　多年生草本(见图1-1-3)。株丛低矮;秆直立或基部稍倾斜,丛生;幼叶呈折叠形,成熟叶片扁平、柔软、细长,叶尖船形,在叶片主脉两侧各有一条半透明的平行线;叶鞘自中部以下闭合,具纵条纹;叶舌钝圆、膜质;圆锥花序开展,分支下部裸露,每节有3～4个分支;小穗含2～3朵小花;颖果长椭圆形。

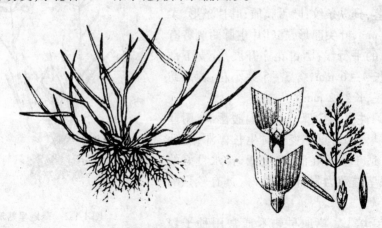

图 1-1-3　粗茎早熟禾

(引自《草坪科学与管理》,胡林等,2001)

[生态习性] 粗茎早熟禾适宜生长在寒冷潮湿带或过渡带,抗寒性、耐阴性强,喜冷凉湿润环境。耐旱性、耐热性差。不耐践踏。对土壤适应性强,耐瘠薄,在一般土壤中均能良好生长。

[繁殖栽培] 一般用种子繁殖成坪快,播种量6~10 g/m²,将种子与细沙(或细土)混合撒播,用细耙轻耙后,再用木板稍加拍打,40天即可成坪。该草与其他草坪草混播时外观不整齐,故宜单播。耐旱性差,气候干旱时易枯黄,应注意灌水,粗茎早熟禾对除草剂(如2-4D)敏感。

[应用特点] 粗茎早熟禾株丛低矮,绿色期长,耐阴,适于气候凉爽的房前屋后、树下种植。常与草地早熟禾混播以提高草坪的耐阴性。

4.一年生早熟禾(*Poa annua* L.)

一年生早熟禾又名小鸡草。为北半球广泛分布的一种草,我国大多数地区及亚洲其他国家和欧、美一些国家均有分布。

[形态特征] 一年生或越年生低矮植物(见图1-1-4)。茎秆细弱、丛生,船形叶尖和芽中叶片对折,膜状叶舌长是区别于草地早熟禾的主要特征,但某些变种分蘖上的叶舌较短。一年生早熟禾一般视为丛生型,但某些变种也有短的根茎。叶色浅绿。圆锥花序开展,小穗绿色,含3~6朵花。

[生态习性] 一年生早熟禾喜冷凉湿润气候,较耐阴,抗热性、抗旱性均差。对土壤适应性强,耐瘠薄,在一般土壤中均能生长良好。

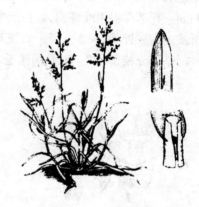

图1-1-4 一年生早熟禾

(引自《草坪科学与管理》,胡林等,2001)

[繁殖栽培] 一年生早熟禾一般为种子繁殖,在应用中很少单播,常与其他草种混播。一年生早熟禾在潮湿土壤条件和经常灌溉条件下,生长旺盛,生长过程中易形成芜枝层,高氮肥和灌溉条件下易染病。

[应用特点] 一年生早熟禾株体低矮,整齐美观,较耐阴,因此宜用于光照条件较差的林下、花坛内、行道树下、建筑物阴面等做观赏草坪;在江南也可与其他草种混播,以延长草坪的绿色期。

(二)羊茅属(*Festusa* L.)

羊茅属约有100个种,分布于全世界的寒温带和热带的高山地区,我国有14个种。常用做草坪草的有5个种,即高羊茅、紫羊茅、羊茅、硬羊茅和邱氏羊茅。

1.高羊茅(*Festusa arundinacea*)

高羊茅又称苇状羊茅,草坪性状非常优秀,适于多种土壤和气候,应用非常广泛。我国主要分布区域为华北、华中、中南和西南。

[形态特征] 多年生草本(见图1-1-5),丛生型,高可达40~70 cm。幼叶卷叠式,茎圆形,直立、粗壮,基部红色或紫色。成熟的叶片扁平,宽5~10 mm,坚硬,上面接近顶端

处粗糙,个脉不明显,中脉明显,根颈显著,宽大。圆锥花序直立或下垂。

[**生态习性**] 适于寒冷潮湿和温暖湿润过渡地带生长,对高温有一定的抵抗能力,是最耐旱、耐践踏的冷季型草坪草之一,耐阴性中等,较耐盐碱、耐土壤潮湿。

[**繁殖栽培**] 高羊茅结实率高,以种子繁殖为主,建坪速度较快。再生性较差,故不宜低修剪。耐贫瘠土壤。高羊茅一般不产生芜枝层,耐旱,但适当浇灌更有利其生长。易染褐斑病。

[**应用特点**] 高羊茅耐践踏而适应范围很广,但因叶片质地粗糙而不能称为是高质量的草坪草,一般用于中、低质量的草坪及斜坡防护草坪,如机场、运动场、庭园、公园等。

2. 紫羊茅(*Festuca rubra* L.)

紫羊茅又名红狐茅,是羊茅属中应用广泛的草坪草种之一。也称匍匐紫羊茅。原产欧洲。我国东北、华北、西南、西北、华中各省及北半球的寒温带都有分布。

[**形态特征**] 多年生草本(见图1-1-6)。须根发达,植株具横走根茎,秆疏丛生,高30~60 cm。秆基部斜生或膝曲,红色或紫色,叶鞘基部红棕色并呈破碎纤维状。叶片柔软,对折或内卷成针状,长5~15 cm,宽1~2 mm。圆锥花序狭窄,长5~15 cm,每节具1~2分枝,基部分枝长达2 cm,具短柔毛。小穗先端呈紫色,每小穗含3~6朵小花,颖果披针形。

图1-1-5 高羊茅
(引自《草坪科学与管理》,胡林等,2001)

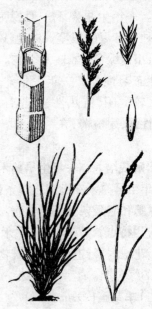

图1-1-6 紫羊茅
(引自《草坪科学与管理》,胡林等,2001)

[**生态习性**] 紫羊茅适应性强,抗寒、抗旱、耐酸、耐瘠,最适于温暖湿润气候和海拔较高的地区生长。耐阴能力较强,在半阴处能正常生长。不耐热,30 ℃时出现萎蔫,38~40 ℃植株枯萎。寿命长,耐践踏和低修剪,覆盖力强。耐贫瘠;以沙质壤土生长良好。土壤酸碱度以 pH 值5.5~6.5的微酸性至中性最适宜。绿色期长。

　　[培育特点]　种子繁育为主。种子小,播种前应精细整地,覆土宜浅,一般不单播,常与草地早熟禾混播,春秋均可播种,但以秋播为好。苗期生长慢,应注意除草。紫羊茅生长慢,不需要经常修剪。紫羊茅易形成草丘,故 3~5 年应更新一次。

　　[应用特点]　紫羊茅是全世界应用最广的一种主体草坪植物。紫羊茅可以形成细致、植株密度高而整齐的优质草坪。通常用做混播植物,与草地早熟禾、小糠草等一起混合播种,用于公园、工厂和居住区绿地。利用其叶片细、观赏价值高的特点,也可以单播或单栽在花坛边缘或岩石间隙。

　　3. 羊茅(*Festuca ovina* L.)

　　羊茅叶色为蓝绿色,叶片较硬,无根状茎或匍匐茎,易于簇生,难以形成外观整齐的草坪。不耐热,极抗旱,在沙壤和石灰壤上生长最好。很耐践踏,耐粗放管理,常用于质量要求不高的草坪。

　　4. 硬羊茅(*Festuca ovina* var. *duriuscula*(L.) koch)

　　硬羊茅较耐阴,绿期长,耐践踏性较弱,抗旱性较强,再生能力差,建坪速度较慢,不耐低于 2.5 cm 的修剪。生长缓慢,管理粗放。主要用于路旁、沟渠和其他管理水平低、质量要求不高的草坪。

　　5. 邱氏羊茅(*Chewing' fescue*; *festuca* var. *commutata* Gaud)

　　邱氏羊茅无根状茎,是一种不匍匐的、丛生型草,草坪密度较高,生长低矮,质地细密。耐低修剪,但垂直生长缓慢,不需要经常修剪,抗寒性强,多与草地早熟禾混播。

　　(三)黑麦草属(*Lolium* L.)

　　禾本科黑麦草属,约有 10 个种,分布于世界温暖地区。我国引进草种,可作为草坪草的有多年生黑麦草和一年生黑麦草。

　　1. 多年生黑麦草(*Lolium perenne* L.)

　　多年生黑麦草又名宿根黑麦草、黑麦草。原产于南欧、北非和亚洲西南部。我国早年从英国引入,现已广泛栽培,是一种很好的草坪草。

　　[形态特征]　多年生草本(见图 1-1-7)。具短根状茎,茎直立,丛生,高 70~100 cm,叶片窄长,长 9~20 cm,宽 3~6 cm,深绿色,具光泽,富有弹性。叶脉明显,幼叶折叠于芽中。穗状花序,稍弯曲。小穗扁平无柄,含 3~5 朵小花。

　　[生态习性]　喜温暖湿润夏季较凉爽的环境。抗寒、抗霜而不耐热,气温 27 ℃、土温 20 ℃左右生长最适,15 ℃分蘖最多,气温低于 -15 ℃产生冻害。抗寒性不如草地早熟禾、抗热性不如高羊茅。耐湿而不耐干旱,也不耐瘠薄。春季生长快,夏季呈休眠状态,秋季生长较好。寿命较短,只有 4~6 年,精细管理下,可延长寿命。耐践踏,不耐低修剪,耐阴性差。

　　[繁殖栽培]　结实性较好,发芽容易,通常用种子播种繁殖,在水分充足的情况下 5~7 天即可出苗。分蘖力强,再生快,特别是春秋应注意修剪。种粒较大,发芽容易,生长较快,主要用于交播(Overseeding)和混播先锋草种。除作为短期临时植被覆盖外,很少单独种植。

　　[应用特点]　多年生黑麦草多与其他草坪草混播,作为先锋草种,可提高成坪速度。

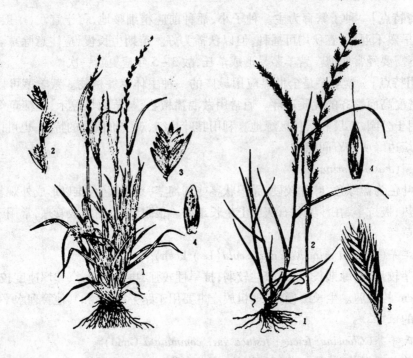

1—植株;2—花序;3—小穗;4—种子
图 1-1-7 多年生黑麦草
（引自《饲料生产学》,南京农学院,1980）

该草具有抗 SO_2 等有害气体的特性,故还可用于工矿区,特别是冶炼场地建造草坪绿地的材料。

2. 一年生黑麦草

一年生黑麦草又称多花黑麦草、意大利黑麦草。原产于欧洲南部、非洲北部和西南亚,在我国的江西、湖南、江苏、浙江等省均有人工栽培。在北方较温暖多雨地区也有引种。

[**形态特征**] 一、二年生草本植物。须根系,茎秆丛生,光滑,分蘖力强。秆高为 50~70 cm。叶柔软,粗糙。穗状花序,小穗多花 10~15 朵,种子为颖果,外稃有 2~6 mm 的芒。

[**生态习性**] 一年生黑麦草喜温暖湿润气候,昼夜温度为 27 ℃/12 ℃时生长最快。不耐严寒和干热,最适宜在年降水量 1 000~1 500 mm 的地区生长。抗旱性和抗寒性较差,耐潮湿,但不耐长期积水。喜欢肥沃的土壤,最适土壤 pH 值为 6.0~7.0。

[**繁殖栽培**] 一年生黑麦草较适于单播,其栽培技术与多年生黑麦草基本相同。春秋播种都可以,冬季温和的地区适于秋播。播前耕翻整地,施底肥。一年生黑麦草生长期长,生长迅速,刈割时间早,再生能力强,一般南方刈割 3~4 次,北方刈割 2~3 次。喜氮肥,每次刈割后宜追肥,施速效氮肥,灌溉能促进氮肥的吸收。种子易脱落,当大部分种子成熟后应及时收获。

[**应用特点**] 一年生黑麦草能快速建坪,用做暂时植被,也常用做温暖潮湿地区暖

季型草坪草的冬季交播。常与其他冷季型草坪草混播,但所占比例不宜过大。

(四)翦股颖属(Agrostis L.)

禾本科翦股颖属约有220个种,主要分布于温带和副热带气候地区及热带和亚热带的高海拔地区,我国分布广泛。翦股颖属草坪以质地细腻和耐低修剪而著称,在所有冷季型草坪草中最能忍受频繁低修剪,修剪高度可到0.5 cm,甚至更低。

1. 匍匐翦股颖(Agrostis stolonifera)

匍匐翦股颖又名匍茎翦股颖、本特草。分布于欧亚大陆的温带和北美。我国"三北"地区及江西、浙江等地均有分布,多见于潮湿草地。

[**形态特征**]　多年生草本(见图1-1-8)。秆的基部偃卧地面,茎高15~40 cm,具长达8 cm左右的匍匐枝,有3~6节,节着土生不定根,须根多而弱,叶鞘无毛,下部的长于节间,稍带紫色。叶舌膜质,长圆形,背面微粗糙。叶片扁平线形,先端尖,具小刺毛。圆锥花序,卵形,开展。小穗长卵形。

[**生态习性**]　喜冷凉湿润气候,耐寒、耐热、耐瘠薄、耐低修剪,较耐阴。匍匐枝横向蔓延能力强,能迅速覆盖地面,形成密度很大的草坪。由于匍匐节上不定根入土较浅,耐旱性稍差。对土壤要求不严,在微酸至微碱性土壤上均能生长,最适土壤pH值为5.5~6.5,以雨多肥沃的土壤生长最好。侵占能力强,春季返青晚。

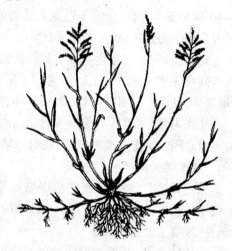

图1-1-8　匍匐翦股颖
(引自《草坪科学与管理》,胡林等,2001)

[**繁殖栽培**]　种子和播茎繁殖均可,多以后者为主。播种量3~5 g/m²,春秋播种均可。栽植葡匐茎成活的关键是保证土壤充足的水分。需水量较多,生长快,成坪后应注意浇水和修剪。修剪不及时,将导致草层过厚、过密,基部叶片因不透气而变黄,甚至枯死。3年更新一次,切断其根系,使土壤透气或重植。

[**应用特点**]　匍匐翦股颖生长繁殖快,可作急需绿化的种植材料,常选用其优良品种作高尔夫球场进洞区草坪的建植材料。

2. 细弱翦股颖(Agrostis tenuis Sibth)

细弱翦股颖原产欧洲,在世界各地的寒冷潮湿地区有引种栽培。我国产于山西,主要分布在北方湿润带和西南一部分地区。

[**形态特征**]　多年生草本。具短根状茎,秆丛生,高20~50 cm,具2~4节。叶片扁平,狭窄,具小刺毛,长5.5~8.5 cm。叶舌干膜质,先端短而钝。圆锥花序长圆形,暗紫色,每节具2~5个分枝。小穗长1.5~2 mm。

[**生态习性**]　细弱翦股颖喜冷凉湿润气候,耐旱及耐热性差,但耐寒性好,耐阴性一般,耐践踏性差,恢复能力中等。在肥沃潮湿、结构良好的土壤上生长最好。

[**繁殖栽培**] 主要以种子直播建坪。播种量 $5 \sim 7 \ g/m^2$,春秋两季均可播种,也可用匍匐茎和根状茎进行繁殖,营养繁殖过程中一定要供应充足的水分,否则成坪慢。

细弱翦股颖生长期需水较多,故干旱阶段需经常浇水。细弱翦股颖较耐低修剪,可形成致密的草坪,适宜的修剪高度为 $0.8 \sim 2 \ cm$。易感病(如币斑病、褐斑病等),对除草剂敏感。

[**应用特点**] 细弱翦股颖常与其他冷季型草坪草混播,用于高尔夫球场球道、开球区及其他质量要求高的草坪。另外,细弱翦股颖也用做公园、街道和居住区绿化草种。

3. 小糠草(*Agrostis alba* L.)

小糠草原产欧洲,分布于欧亚大陆的温带地区。我国"三北"地区及长江流域均有分布,因其花序为红色,故又名红顶草。

[**形态特征**] 多年生草本。具细长根状茎,浅生于地表。秆直立或下部膝曲倾斜向上,株高 $60 \sim 90 \ cm$。叶鞘无毛,常短于节间。叶舌卵圆形,先端齿裂,背部微粗糙。叶片线形扁平,且表面微粗糙。长 $17 \sim 33 \ cm$,宽 $3 \sim 8 \ mm$。圆锥花序塔形,红色。

[**生态习性**] 喜冷凉湿润气候,偶尔也生长在过渡地带和温暖潮湿地带。耐寒、抗热,不耐遮阴。对土壤要求不严,较耐干旱,耐践踏。分蘖和再生能力较强,长成后能自行繁殖。秋季生长良好。

[**繁殖栽培**] 种子繁殖与分根繁殖均可。结实力强,多采用种子繁殖,春秋播种都可,苗期生长慢,注意防除杂草。小糠草耐干旱瘠薄,但在肥沃的土壤上生长更好,如有灌溉条件,沙壤土上生长最好。

[**应用特点**] 小糠草形成的草坪质量不是很高,常与草地早熟禾、紫羊茅混合播种,作为公园、庭园及小型绿地的绿化材料。

(五)苔草属(*Carex* L.)

莎草科,苔草属,属下有 1 300 余种,我国分布广泛,约有 400 个种,其中用于草坪草种的主要有卵穗苔草、异穗苔草、白颖苔草、细叶苔草等。

1. 卵穗苔草(*C. duriuscula* C. A. Mey)

卵穗苔草又名寸草苔、羊胡子草。分布于北半球的温带和寒温带。

[**形态特征**] 多年生草本,具节间很短的根状茎;茎直立、纤细,质柔,基部具灰黑色纤维状分裂的旧叶鞘;叶纤细、深绿色,卷折。穗状花序,卵形。

[**生态习性**] 喜冷凉而稍干燥的气候。耐旱、耐寒、喜光、耐阴。对土壤要求不严,肥沃、瘠薄、酸性土壤或碱性土壤均能生长。在水分充足、土壤肥沃、杂草少的情况下,颜色翠绿,绿色期也长。

[**培育特点**] 种子繁殖和分根繁殖均可。分根繁殖为主。根茎细弱,根入土较浅,为促进根茎良好发育,应精细整地,创造疏松的土壤耕层。为使草层厚密、颜色鲜绿,要用优质的基肥。

[**应用特点**] 在北方干旱区为较好的细叶观赏草坪草类,也是干旱坡地理想的护坡植物。

2. 异穗苔草(*C. heterostachya* Bge.)

异穗苔草又名黑穗草、大羊胡子草。主要分布于我国"三北"地区及河南、山西等地。

[**形态特征**]　多年生草本(见图1-1-9)。具长的横走根茎，三棱柱形，基部具褐色旧叶鞘。叶针状，卷折、刚硬。穗状花序褐色，卵形。

[**生态习性**]　适应性强。抗寒又耐热，喜光又耐阴。抗旱和抗盐碱能力均较强。过旱时则停止生长，进入休眠状态，水分充足时迅速恢复生长。

[**培育特点**]　种子繁殖和无性繁殖均可，但多以无性繁殖(穴植或根茎压埋)为主，春秋两季均可进行，种子繁殖，生产成本低。叶片较长，需经常修剪。

图 1-1-9　异穗苔草
(引自《草坪科学与管理》,胡林等,2001)

[**应用特点**]　适应性强，伸展蔓延快，利用时间长，在草坪建设中用途广。根茎发达，能形成坚实的草皮，又为重要的水土保持植物。防尘作用强，也是工矿区极好的防尘植物。

3. 白颖苔草(*C. rigescens* (Franch.) V. Krecz.)

白颖苔草又名小羊胡子草。产于苏联、日本、蒙古。为我国应用最早、园林价值颇高的草坪植物。

[**形态特征**]　多年生草本。具细长的根状茎，其末端成束状密生成丛。茎为不明显的三棱形，叶色浓绿，属细叶草类。穗状花序，卵形或椭圆形。

[**生态习性**]　耐寒性强，耐瘠薄，抗旱性好。覆盖性差，不耐践踏。

[**培育特点**]　与异穗苔草同。苗期生长缓慢，覆盖性差，郁闭期长，必须勤除草。生长期应注意修剪以增加美观。

[**应用特点**]　耐阴性强，是很好的疏林游乐草坪植物。作观赏和装饰性草坪，也可作人流不多的小型庭园绿化之用。

(六)三叶草属(*Trifolium* L.)

豆科三叶草属，约有360种，其中用做草坪草的主要有白三叶、红三叶。

白三叶(*Trifolium repens* L.)

白三叶又名白车轴草。原产欧洲，现广泛分布于温带及亚热带高海拔地区。我国北到黑龙江、南到江浙一带均有分布。

[**形态特征**]　多年生草本植物(见图1-1-10)。植株低矮，侧根发达，主茎短，由茎节上长出匍匐茎，长30~60 cm，节向下产生不定根，向上长叶，茎光滑细软，叶腋又可长出新的匍匐茎向四周蔓延，因而侵占性强、成坪快。掌状三出复叶，互生，叶柄细长直立。小叶倒卵形或心脏形，叶缘有细齿，叶面中央有"V"形白斑。托叶小，膜质包茎。全株光滑无毛。腋生头型总状花序，白色或略带粉红色。荚果细小，包存于宿存的花被内。

[**生态习性**]　喜温凉湿润气候，生长适宜温度19~24 ℃，适应性强，抗寒、较耐热、

耐阴、耐瘠薄、耐酸,不耐盐碱。基本无夏枯现象。在遮阴的林园下也能生长。

[繁殖栽培]　应选择水分充足而肥沃的土壤栽种。主要采用种子繁殖。因种子细小,要求整地精细、平整。春秋均可播种,撒播 3 ~ 4.5 g/m²。能固定空气中的氮素,可不施或少施氮素,以施磷钾肥为主。不耐践踏,以观赏为主。

[应用特点]　白三叶因具匍匐茎,繁殖力强,能很快覆盖地面。绿色期长,是优良的观赏草坪。由于多汁,能污染衣物,加之花为白色,习惯上多忌之。

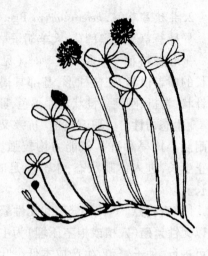

图 1-1-10　白三叶
(引自《草坪科学与管理》,胡林等,2001)

五、暖季型草坪草

暖季型草坪草主要分布于我国长江以南的广大地区,生长的最适温度在 26 ~ 32 ℃。耐热性好,一年只在夏季有一个生长高峰,春秋生长慢,冬季休眠。暖季型草坪草仅少数种可获得种子,主要进行营养繁殖。暖季型草坪具有相当强的生长势和竞争力,群落一旦形成,其他草种很难侵入,多为单播。

(一) 结缕草属 (Zoysia Willd.)

禾本科结缕草属草坪草是当前最广泛应用的暖季型草坪草之一。结缕草原产于我国胶东半岛和辽东半岛。全世界约有 10 个种,分布于亚洲、非洲和大洋洲的热带、亚热带地区。我国现有 5 个种和变种。常用做草坪草的有结缕草、细叶结缕草、沟叶结缕草等。

1. 结缕草 (Zoysia japonica L.)

结缕草又名老虎皮(上海、苏州)、锥子草(辽东)、崂山草(青岛)、延地青(宁波)。原产于亚洲东南部,主要分布于我国、朝鲜和日本的温暖地带。

[形态特征]　多年生草本(见图 1-1-11)。茎叶密集,株体低矮,秆高 15 ~ 20 cm。属深根性植物,须根可入土 30 cm 以上。具坚韧的地下根状茎及地上匍匐枝,于茎节上产生不定根。植株直立,叶片革质丛生,呈狭披针形,先端锐尖,具一定韧度和弹性。叶舌不明显,表面具白色柔毛。总状花序穗状,长 2 ~ 4 cm。种子细小。外层附有蜡质保护物。

[生态习性]　适应性强,喜光、耐旱、耐高温、耐瘠薄抗寒。喜深厚肥沃、排水良好的沙质土壤。在微碱性土壤中亦能正常生长。草根在 -20 ℃ 左右能安全越冬,20 ~ 25 ℃ 生长最盛,30 ~ 32 ℃ 生长减弱,36 ℃ 以上生长缓慢和停止;但极少出现夏枯现象。秋季高温干燥可提早枯萎,绿色期缩短。竞争力强,易形成连片平整美观的草坪,耐磨、耐践踏,病害较少。不耐阴,匍匐茎生长较缓慢,蔓延能力较差。种子外壳致密且具有蜡质,自然状态下发芽率低。

[繁殖栽培]　种子、无性繁殖均可。播种前须进行种子处理,可采用湿沙层积催芽或 5% 氢氧化钠溶液浸种。营养繁殖一般采用分株繁殖,在生长季内均可进行。一般成行栽种,常用草皮块铺设。结缕草需中等养护水平,生长期间,主要应做好修剪和施肥工

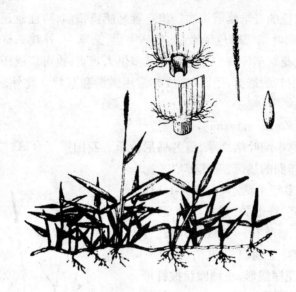

图 1-1-11　结缕草

（引自《草坪科学与管理》,胡林等,2001）

作,修剪高度一般为1.3～2.5 cm。结缕草抗病性强,但易染锈病,应注意预防。

[应用特点]　植株低矮、坚韧耐磨、耐践踏、弹性好,在园林、庭园和体育运动场地广为利用。由于根系发达,耐旱,故也是良好的道路护坡材料。由于结缕草抗病虫、环保、节水、省肥,被称为"21世纪最优秀的环保生态型草坪草"。

2.细叶结缕草(*Zoysia tenuifolia* Willd. ex Trin)

细叶结缕草又名天鹅绒草(华东)、朝鲜草、台湾草。主要分布于日本及朝鲜南部地区,早年引入我国,是我国栽培较广的细叶型草坪草种。

图 1-1-12　细叶结缕草

（引自《草坪科学与管理》,胡林等,2001）

[形态特征]　多年生草本(见图1-1-12)。呈丛状密集生长,高10～15 cm,秆直立纤细。具地下茎和匍匐枝,节间短,节上产生不定根。须根多浅生;叶片丝状内卷,长2～6 cm,叶面疏生绒毛,顶端破碎成纤毛状,柔软、翠绿。花序穗状直立,穗轴短于叶片。

[生态习性]　喜光,不耐阴,耐湿,耐寒能力较结缕草差。喜生于雨量充沛、空气湿润的环境,有一定的抗旱能力。竞争力极强,夏秋生长茂盛,油绿色,能形成单一草坪,华南夏、冬季不枯黄。华东地区于4月初返青,12月初霜后枯黄。

[繁殖栽培]　细叶结缕草结实困难,多行营养繁殖。三四年后,草丛逐渐出现馒头状突起,绿色期短,有时叶尖枯焦,或因积水发生病害,影响观赏。细叶结缕草低矮,故修

剪次数少,在生长旺盛的夏季修剪 1 次。该草容易感染锈病,应注意预防。

　　[应用特点]　细叶结缕草色泽嫩绿,草丛密集,杂草少,外观平整美观,具弹性,易形成草皮,常作封闭式花坛草坪或作塑造草坪造型供人观赏,也可广泛用于各类运动场草坪和水土保持草坪。因其耐修剪、耐践踏,故亦常用做游憩草坪。此外,还常用做假山绿化及固土护坡草坪。

　　3. 沟叶结缕草(*Zoysia matrelia*)

　　沟叶结缕草又称半细叶结缕草,俗名马尼拉草。我国产于台湾、广东、海南等地。广泛分布于亚洲和大洋洲的热带、亚热带地区。

　　[形态特征]　多年生草本(见图 1-1-13)。具横走根茎和匍匐茎,秆细弱,直立茎秆高 12 ~ 20 cm,基部节间短,每节有一至数个分枝。叶片质硬,扁平或内卷,上面具有纵沟,长 3 ~ 4 cm,宽 2 mm。总状花序线形,小穗卵状披针形,黄褐色或略带紫色。颖果卵形,细小。

　　[生态习性]　沟叶结缕草喜光,不耐阴。喜温暖湿润气候,生长势和扩展性强,其相对耐性近似结缕草,耐寒性稍弱于结缕草,但强于细叶结缕草,黄河以北地区种植要注意越冬问题。品质好,极具观赏性,可适当践踏。修剪少,最好用滚筒式剪草机剪草,管理粗放,养护费用较少,是热带、亚热带等地使用价值高的草坪草种。

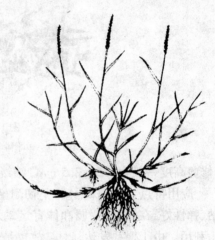

图 1-1-13　沟叶结缕草
(引自《草坪科学与管理》,胡林等,2001)

　　[繁殖栽培]　基本同细叶结缕草。

　　[应用特点]　由于沟叶结缕草适应性广,比细叶结缕草抗病性强,管理粗放,生长低矮,弹性和耐践踏性强,因而在园林中得到广泛应用,可用于专用绿地、庭园草坪、运动场和高尔夫球场草坪,也可用于固土护坡草坪。

　　(二)野牛草属(*Buchloe engelm*)

　　禾本科野牛草属仅有一种即野牛草。原产美洲。

　　野牛草(*B. dactyloides*(Nutt)*engelm*)

　　野牛草又名牛毛草、水牛草。多年生低矮草本植物,产于北美洲,早年引入我国,现为华北、东北、内蒙古等北方地区的当家品种。

　　[形态特征]　多年生草本(见图 1-1-14)。具匍匐茎,秆高 5 ~ 25 cm。叶片线形,较细弱,有卷曲变形现象,长 10 ~ 20 cm,宽 1 ~ 2 mm,两面疏生细小柔毛,叶色灰绿色,色泽美丽。雌雄同株或异株,雄花序有两三枚总状排列的穗状花序,雌花序常呈头状,含 1 花。

　　[生态习性]　野牛草适应性强。喜光,亦能耐半阴,耐土壤瘠薄,具较强的耐寒能力,在 -36 ~ -33 ℃条件下能顺利越冬。极耐热、耐旱,其适生地的年降水量只有 256 ~ 266 mm。竞争力、耐践踏力强。耐盐,在含盐量 1% 时仍能生长良好。与杂草竞争力强,

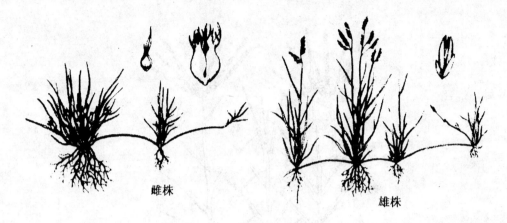

雌株　　　　　　雄株

图 1-1-14　野牛草
（引自《草坪科学与管理》，胡林等，2001）

可节省人力、物力。

[**繁殖栽培**]　种子繁殖和营养繁殖均可。结实率不是很高，目前各地均采用分株繁殖或匍匐茎埋压。再生快，生长迅速。植株较高，需常修剪，修剪高度为 2～5 cm。耐旱，浇水不宜多。

[**应用特点**]　野牛草植株低矮，枝叶柔软，较耐践踏，繁殖容易，生长快，养护简便，抗旱、耐寒，为我国北方栽培面积最多的草坪植物。抗 SO_2、HF 等污染气体能力较强，因此可作为工业区的环境保护绿化材料。另外，由于该草管理粗放、耐寒性强，还可作固土护坡植物。

（三）狗牙根属（*Cynodon* Rich.）

禾本科狗牙根属草坪草是最具代表性的暖季型草坪草，有 9 个种。原产非洲，广泛分布于亚洲、欧洲的热带及亚热带地区。具有发达的匍匐茎和根状茎，是建植草坪的优良材料。常用做草坪草的有狗牙根和杂交狗牙根。

1. 狗牙根（*Cynodon dactylon*（L.）Pers）

狗牙根又名行义芝、绊根草（上海）、爬根草（南京）。广布于温带地区。我国黄河流域以南各地均有野生。

[**形态特征**]　多年生草本（见图 1-1-15）。具根状茎和匍匐茎，节间长短不一。秆平卧部分长达 1 m，并于节上产生不定根和分枝，故又名爬根草。叶扁平线条形，长 3.8～8 cm，宽 1～2 mm，先端渐尖，边缘有细齿，叶色浓绿。叶舌短小，具小纤毛。穗状花序，3～6 枚呈指状排列于茎顶，绿色或稍带紫色。

[**生态习性**]　狗牙根喜光，稍耐阴，较抗寒，抗寒能力仅次于结缕草和野牛草。当土壤温度低于 10 ℃狗牙根开始褪色，并且直到春天高于这个温度时才逐渐恢复。浅根系，少须根，遇旱易出现匍匐茎嫩尖成片枯头。极耐热，耐践踏，喜肥沃且排水良好的土壤，在轻盐碱地上生长也较快，且侵占力强，常侵入其他草坪地生长。

[**繁殖栽培**]　狗牙根种子少且不易采收，生产上多采用分根无性繁殖或铺草皮法来建植草坪。目前，国外已经培育出一些狗牙根品种，并能供应大量商品种子，故狗牙根也

图 1-1-15　狗牙根

可用播种法建坪。

狗牙根栽植后应保持土壤湿润,管理较粗放。该草再生力强,生长快,易形成枯草层,因此需频繁修剪,修剪高度一般为 1.5～2.5 cm。由于狗牙根根系较浅,夏季干旱时应注意灌水和施肥。

[应用特点]　狗牙根极耐践踏,再生力强,广泛应用于庭园、公园、高尔夫球场、机场草坪。覆盖力强,管理粗放,也是很好的固土护坡草坪材料。有时也与高羊茅混播作一般的球场和运动场草坪。

2. 杂交狗牙根(Cynodon dactylon × C. transvalensis)

杂交狗牙根是狗牙根草属的一个改良品种,由非洲狗牙根(C. transvalensis)与普通狗牙根(C. dactylon)杂交而获得。

[形态特征]　多年生草本。外观特征与狗牙根极为相似。叶片质地由普通狗牙根的中等质地到非洲狗牙根的很细的质地不等,颜色由浅绿色到深绿色,花序长度为狗牙根的 1/2～2/3。该草根茎发达、叶丛密集、低矮,根状茎短,可以形成致密的草坪。

[生态习性]　杂交狗牙根耐寒性弱,冬季容易褪色。耐频繁低修剪,有些品种可耐 6 mm 的修剪高度。杂交狗牙根耐践踏,喜排水良好的肥沃土壤。在轻度盐碱地上也能生长,该草侵占力极强,在良好的条件下常侵入其他草坪。

[繁殖栽培]　杂交狗牙根没有商品种子出售,主要通过小枝、草皮进行营养繁殖。在国外可直接向草种供应商购买种茎作为繁殖材料。

[应用特点]　杂交狗牙根侵占性强,密度大。可形成致密、整齐的优质草坪,常用于高尔夫球道和果岭等以及足球场、草地网球等体育场草坪。

(四)地毯草属(Axonopus)

禾本科地毯草属约有 40 个种,大都产于美洲,只有 2 个种可以用做草坪草,即普通地毯草(Axonopus affinis Chase)和地毯草(Axonopus compressus(Swarty)Beauv)。本书只介绍地毯草。

地毯草(Axonopus compressus(Swarty)Beauv)

地毯草又名大叶油草。原产南美洲,我国早期从美洲引入。在我国南方分布较多,但不如狗牙根和结缕草分布广,坪用形状一般。

[形态特征] 多年生草本,植株低矮,具匍匐茎。因其匍匐茎蔓延迅速,每节上都生根和抽生性的植株,植物平铺地面呈毯状,故称"地毯草"。秆扁平,节上密生灰白色柔毛,高 8~30 cm;叶片柔软,翠绿色,短而钝,长 4~6 cm,宽 8 mm 左右,新叶在芽中折叠。叶舌膜质,短小。总状花序,长 4~6 cm。小穗长圆状披针形,2.2~2.5 mm。

[生态习性] 地毯草是典型热带、亚热带暖季型宽叶草坪草。喜光也较耐阴,喜高温高湿,即使 35 ℃ 以上持续高温也很少出现夏枯现象。耐寒性较差,易受霜冻,10 ℃ 以下停止生长,低于 0 ℃ 植株顶端枯黄,低于 -15 ℃ 时不能安全越冬。再生力强,亦耐践踏。对土壤要求不严,冲积土和肥沃的沙质壤土上生长好,匍匐茎蔓延迅速,每节均能产生不定根和分蘖新枝,侵占力极强。春季返青早、速度快。

[繁殖栽培] 结实率和萌发率均高,可行种子繁殖,亦可无性繁殖。匍匐茎按 1:5 的比例铺植,条植行距 15 cm,可在 2 个月内成坪。地毯草耐粗放管理,垂直生长较慢,草层低,修剪次数少,修剪高度为 5 cm 左右。生长期需除去粗糙的花序,以提高坪观质量。

[应用特点] 地毯草低矮,耐践踏,较耐阴,常用它铺设庭园、公园草坪和与其他草种混合用做运动场草坪。地毯草在华南地区还是优良的固土护坡植物。

(五)蜈蚣草属(Eremochloa Buese)

禾本科蜈蚣草属也称假俭草属,约有 10 种,仅假俭草用做草坪,主要分布于热带和亚热带。

假俭草(Eremochloa(Munro)Hack.)

假俭草又名蜈蚣草、苏州草(上海)。在我国主要分布于长江流域以南各省区。

[形态特征] 多年生草本。植株低矮,高 10~15 cm,秆自基部直立,具爬地生长的匍匐茎。叶片线形,革质,扁平光滑,先端略钝,长 2~5 cm,宽 3~5 mm。节间短,生于花茎上的叶多退化,顶部叶片常退化成一小尖头着生于叶鞘上。叶舌膜状,顶部有纤毛。无叶耳。总状花序顶生,无柄小穗互相覆盖,生于穗轴一侧。

[生态习性] 喜光、耐旱、喜温、较耐寒,抗寒性介于狗牙根和钝叶草之间,在气温 36 ℃ 以上仍能正常生长,在 -13 ℃ 以上能安全越冬。对土壤要求不严,耐瘠薄,适宜重剪,较细叶结缕草耐阴湿。在排水良好、土层深厚而肥沃的土壤上生长茂盛,在酸性及微碱性土壤上亦能生长。须根少,耐践踏性弱,耐盐碱性较差。

[繁殖栽培] 用种子繁殖或营养繁殖。种子采收后,翌春播种,发芽率甚高,无性繁殖能力亦强,我国各地习惯用移植草块和埋植匍匐茎的方法进行繁殖。

假俭草要求养护管理精细,重点是修剪、施肥和滚压。假俭草垂直生长缓慢,修剪只需剪掉小穗即可,修剪高度一般为 2.5 ~ 5 cm,生长旺季可修剪 2 ~ 3 次。入冬施基肥一次,生长期追施复合肥 2 ~ 3 次。

[**应用特点**]　假俭草株体低矮,耐旱,茎叶密集,平整美观,绿色期长,具有抗 SO_2 等有害气体及吸附尘埃的功能,广泛用于庭园草坪,并与其他草坪植物混合铺设运动场草坪,也是优良的固土护坡植物。因其生长慢,耐践踏性较弱,故一般不用做运动场草坪。

(六)钝叶草属(*Stenotaphrum*)

禾本科钝叶草属约有 8 个种,分布于太平洋各岛屿以及美洲和非洲。我国有 2 个种,最常用做草坪草的是钝叶草。

钝叶草(*Stenotaphrum secundatum*(walt)Kuntze.)

钝叶草又名金丝草或金钱钝叶草。适宜在热带与亚热带气候条件下生长,多生于海拔 1 100 m 以下的湿润草地和疏林下,以及南部海岸沙滩。广泛分布于我国广东、海南、云南等地,缅甸、马来西亚也有分布。

[**形态特征**]　多年生草本。秆下部匍匐,于节处生根,具匍匐茎,幼叶对折。叶舌毛簇状,长 0.3 mm。无叶耳。根颈宽,在叶片基部变狭形成短的柄;叶片扁平,宽 4 ~ 10 mm,长 5 ~ 17 cm,两表面光滑,无毛,具圆钝的顶端,叶片和叶鞘相交处有一个明显的缢痕并有一个扭转角度。穗状花序短,扁平状。

[**生态习性**]　钝叶草适宜的土壤条件广泛,在潮湿、排水良好、沙质、中等到高肥力的弱酸性土壤上生长良好,抗寒力较差,仅适应冬天温暖的沿海地区。具有很强的耐盐性。

[**繁殖栽培**]　钝叶草可营养繁殖及种子繁殖,因其产生的种子量少且活力低,故以营养繁殖为主。

钝叶草的管理较粗放,修剪或镇压是其主要的养护管理内容,修剪留茬高度 3.8 ~ 7.6 cm,干旱时需经常灌溉。钝叶草易发生褐斑病、币斑病等病害及蛴螬、黏虫等虫害,生长季应注意预防。

[**应用特点**]　钝叶草再生性强,建坪快。主要用于温暖潮湿地区的草坪建植。

(七)沿阶草属(*Ophiopgon* Kergawl.)

沿阶草(*Ophiopgon japonicus*(L. f.)Kergawl.)

沿阶草,百合科沿阶草属。我国主要分布区域为华东、华中、华南。

[**形态特征**]　多年生草本,高 15 ~ 40 cm。根纤细,在近末端或中部常膨大成为纺锤形肉质小块根。地下根茎细,粗 1 ~ 2 mm;茎短,包于叶基中;叶丛生于基部,禾叶状,下垂,常绿,长 10 ~ 30 cm,宽 2 ~ 4 mm,具 3 ~ 7 条脉。总状花序,花葶较短,花期 6 ~ 8 月,花白色或淡紫色。种子球形,径 5 ~ 8 mm,成熟时浆果蓝黑色。

[**生态习性**]　沿阶草喜温暖湿润及通风良好的环境,抗性强,较耐寒, – 10 ℃低温条件下仍能维持生长。耐阴,怕阳光曝晒。在积水、重沙、重黏土壤上生长不良。耐瘠薄,不耐盐碱和干旱。不耐践踏。

[**繁殖栽培**]　主要采用分株繁殖。于春秋两季将母株挖起,切去块根后分株。栽后加强养护管理,注意灌水保持湿润,栽后半个月除草一次,以后每月一次直至草坪郁闭。修剪后,应追施复合肥。

[**应用特点**]　沿阶草是一种应用广泛、园林价值较高的草坪植物。主要供草坪、花圃镶边等用途。该草还能滞尘、抗有害气体,并可做药用。

(八)马蹄金属(*Dichondra* Forst.)

马蹄金(*Dichondra repens* Forst.)

马蹄金又名黄胆草、金钱草。旋花科马蹄金属。主产于美洲,世界各地均有生长。我国主要分布在长江沿岸及以南地区。

[**形态特征**]　多年生匍匐性草本(见图1-1-16)。株体低矮,须根发达。具较多纤细的匍匐茎,被白色柔毛,并于节上生根。单叶互生,全缘,肾形(似马蹄状),叶柄细长。花冠钟状,黄色,花期4月。若果近球形。

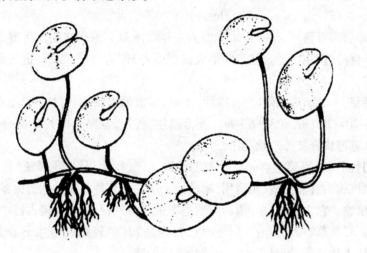

图 1-1-16　马蹄金
(引自《草坪科学与管理》,胡林等,2001)

[**生态习性**]　通常生于干燥地方,耐阴性强。抗旱性、抗热性强。不耐紧实土壤,不耐碱。具有匍匐茎,可形成致密的草坪,有侵占性,有一定的耐践踏性。

[**繁殖栽培**]　种子繁殖和无性繁殖均可,但以匍匐茎繁殖为主要繁殖方式。宜短刈,修剪高度为1.3~2.5 cm,适当增加修剪强度可起调节作用。马蹄金喜氮肥,生长季可适量增施尿素。

[**应用特点**]　马蹄金叶形奇特,色泽鲜艳,四季常青,株丛密集,侵占力强,宜作多种草坪,既可用于花坛内作最低层的覆盖材料,也可作盆栽花卉或盆景的盆面覆盖材料。

(九)雀稗属(*Paspalum* L.)

禾本科雀稗属约有400个种,分布于全球的热带与亚热带地区,我国有7个种,以前多被用于牧草,近年来开始用于草坪建植。其中常用的有海滨雀稗、巴哈雀稗和两耳草等。

1.海滨雀稗(*Paspalum vaginatum* Swartz.)

海滨雀稗又称夏威夷草,原产于热带、亚热带海滨地带。最早在澳大利亚作为草坪草应用。

[形态特征]　多年生草本。具有发达的匍匐茎和根状茎。幼叶卷曲形。叶片扁平，边缘向内卷曲，长 2.5 ~ 15 cm，宽 2 ~ 3 mm。叶鞘生于节间，具脊棱。叶舌膜质，长 2 ~ 3 mm。花总状花序 2 枚，对生。小穗单生，覆瓦状排列。

[生态习性]　海滨雀稗生长旺盛，具有强的抗逆性和广泛的适应性；耐盐碱性极强，可以使用海水浇灌；具有极强的耐践踏性，受损后恢复极快。

[繁殖栽培]　海滨雀稗可种子播种，也可使用根状茎进行繁殖。建成后养护要求不高，耐低修剪，修剪高度以 1.5 ~ 2.5 cm 为宜。

[应用特点]　海滨雀稗因其极耐盐碱性，故是热带、亚热带沿海滩涂和类似的盐碱地区高尔夫球场等绿地建植的最佳材料。

2. 巴哈雀稗(*Paspalum notatum* Flugge)

巴哈雀稗俗称百喜草，是一种暖季型的多年生禾草。原产加勒比海群岛和南美洲沿海地区，近年台湾、广东、上海、江西等地大面积引种，作为公路、堤坝、机场跑道绿化草种或牧草。

[形态特征]　多年生草本。有粗壮、木质、多节的根状茎，秆密丛生，高 15 ~ 80 cm。叶片扁平，长 20 ~ 30 cm，宽 3 ~ 8 mm。叶舌膜质，极短，紧贴其叶片基部有一圈短柔毛。具 2 ~ 3 个单侧穗状分枝的总状花序。

[生态习性]　百喜草主要分布在南部沿海地区，质地粗糙，色泽淡绿，非常耐瘠薄。抗热、抗旱和抗病虫害能力强，稍耐阴，耐酸性土壤。百喜草具有发达的根系，所以适宜作为水土保持植物。它主要通过分蘖和短的地下根茎向外缓慢扩展，侵占性中等，形成的草丛较为开阔。百喜草特别适合在沙性土壤，特别是 pH 值较低的酸性土壤上生长。百喜草能抗多种病害和虫害，但对币斑病和蝼蛄比较敏感。

[繁殖栽培]　巴哈雀稗主要为种子繁殖，播前需进行种子处理以提高种子的发芽率。巴哈雀稗形成的草坪养护管理粗放，对病虫害抵抗力强。由于巴哈雀稗的植株较为高大，而且生长速度快，所以若用它建植景观要求比较高的草坪时，需经常刈割，保持 4.5 ~ 7.0 cm 的高度。巴哈雀稗草坪枯草层厚，故控制枯草层是其养护管理的主要内容。

[应用特点]　巴哈雀稗在贫瘠的土壤上生长良好，而且有一定的耐阴性，可以种植在公园、庭园及公路旁的树下，或种植在需要较高养护条件的草种不能生存的地方，如路旁、机场、坡地等地。百喜草有一定的枯黄期，可以用一年生或多年生黑麦草盖播，以保持草坪的绿色。

3. 两耳草(*Paspalum conjugatum* Berg.)

两耳草又名水竹节草、叉仔草。分布于我国华东、华南、西南、华中等地。

[形态特征]　多年生草本。秆高 8 ~ 30 cm，具匍匐茎，气温高时，匍匐茎蔓延迅速，上部直立或斜倚，侵占力极强。叶片扁平，披针形，色泽淡绿，长 8 ~ 20 cm，宽 5 ~ 15 mm，属阔叶型草类。总状花序孪生，叉状着生于秆顶。小穗淡绿色，扁平。

[生态习性]　极耐阴湿，匍匐茎具强的趋水性，节在水中能生根，在肥沃湿地中生长茂盛，也能在树下生长。

[培育特点]　种子繁殖和无性繁殖均可。栽培管理容易，较粗放。雨季生长迅速，

应适当增加修剪次数,病虫害较少。

[应用特点] 为优良的湿地建坪草种。生活力强,生长快,极易形成单一的自然群落。园林工人多喜把它混入假俭草、结缕草中,作混合草坪,极适宜在地势低洼、排水欠佳处建立单纯草坪。

➤ 知识拓展

怎样正确选择好的草坪草种

要获得优美、健康的草坪,选择适宜的草坪草种是草坪成功建植的关键,它可以有效减少由于盲目引种、反复建植及低水平管理所造成的浪费。选择草坪草种和品种的第一个原则是气候环境适应性原则,第二个基本原则是优势互补及景观一致性原则。

所谓优势互补原则及景观一致性原则,即各地应根据建植草坪的目的,周围的园林景观,以及不同草坪草种和品种的色泽,叶片粗细程度和抗性等,选择出最适宜的草坪草种、品种组合。草坪作为园林绿化的底色,与景观的均一性越来越受到重视,对于草坪草种选择来说,遵循景观一致性原则是达到优美、健康草坪的必要条件。

为了增强草坪对环境胁迫的抵御能力,研究人员提出了混合播种的方法,也就是将不同的草坪草种或品种按照一定的比例进行混合后播种。混播的主要优势在于混合群体比单一群体具有更广泛的遗传背景,因而对外界环境条件具有更强的适应性。混播的不同组分在遗传组成、生长习性,对光照、肥料、水分的要求,土壤适应性及抗病虫性等方面存在着差异,使组成的混合群体具有更强的环境适应性和更好的综合表现,达到优势互补。同时,混合播种的组合和比例还应遵循景观一致性原则。混合包括两种类型,一种是种内的不同品种间的混合。例如,对于我国北方观赏用草坪草种或草皮卷用草种来讲,常见的混合组合为草地早熟禾中不同品种之间的混合,组分中常包括 3 ~ 4 个品种,品种间的比例随品种特性有所变化。另外一种是不同种类草坪草种的种间混合。例如,用于运动场草坪草种的常用混合组合为高羊茅 + 草地早熟禾,这两个草种所占的比例随管理水平不同而有所不同,但首先要满足景观一致性原则。在这一种混合组分中,由于高羊茅的丛生特性和相对粗糙的叶片质地,使其必须是混播的主要成分,其比例一般在 85% ~ 90%,从而形成的草坪才能达到景观一致、均匀的效果。另外,多年生黑麦草也常用于混播组分中,充当先锋植物。它具有发芽快,幼苗生长快,能快速覆盖地面等特点,能形成局部遮阴,给草地早熟禾等种子发芽创造适宜的环境条件,并能在一定程度上抑制杂草的生长。同时,多年生黑麦草还可用于暖季型草坪草的冬季补播。但由于过多的多年生黑麦草会对混播中的其他组分的生存和生长构成威胁,因此多年生黑麦草在每一草种组合中所占的比例不应该超过草种总重的 50%。

表 1-1-1 是百绿集团在中国推广的草坪种和品种,供大家参考。

表 1-1-1　百绿集团在中国推广的草坪草种与品种

代表城市	区域性气候特点	推荐选用的草种及品种	
		草种	品种
沈阳	该区属温带大陆性气候,冬季漫长而寒冷,夏季温热多雨,春季干旱多大风;年降水量 700 mm,60% 集中于夏季;1 月份平均气温 – 12 ℃,7 月份为 24 ℃。总体而论,土壤 pH 值较高	高羊茅	织女星、马比松、天霸、爱密达
		草地早熟禾	男爵、巴润
		多年生黑麦草	百瑰、草坪之星、顶峰
		细羊茅	桥港
		紫羊茅	皇冠、百旗二代
北京	该区位于中纬度内陆区,具有明显的温带大陆性气候特点。年降水量 600 mm,70% 集中于夏季;1 月份平均气温 – 5.6 ℃,7 月份为 29.5 ℃	草地早熟禾	巴塞罗那、百蒂娅、巴润
		多年生黑麦草	顶峰、首相Ⅱ
		细羊茅	百舵、桥港
		匍匐翦股颖	摄政王
		细弱翦股颖	百都
		狗牙根	百慕大
上海	本区属亚热带向暖温带过渡的气候带,温暖湿润,雨量充足,年降水量 1 200 mm,55% 集中于夏季;1 月份平均气温 3 ℃,7 月份为 30 ℃。相对湿度较大,夏季高温高湿,草坪易感病,冬季降雪时有严寒	高羊茅	凌志、百丽
		草地早熟禾	巴塞罗那、男爵
		多年生黑麦草	百乐
		匍匐翦股颖	摄政王
		狗牙根	百慕大
昆明	本区处于南亚热带,西南边缘为温热多雨的热带气候。年降水量 1 000 mm,60% 集中于夏季;1 月份平均气温 8 ℃,7 月份为 23 ℃。土壤大部分为砖红壤、红壤,还有干燥的河谷区的燥红土及石灰岩地区的黑色或棕色石灰土等	高羊茅	巴比伦、凌志、百喜、织女星、百丽
		草地早熟禾	巴润、百蒂娅、巴塞罗那
		多年生黑麦草	首相Ⅱ、百瑰、百乐
		细羊茅	百绿、百舵、百琪
		硬羊茅	妃娜
		翦股颖	摄政王、继承
		细弱翦股颖	百都

续表 1-1-1

代表城市	区域性气候特点	推荐选用的草种及品种	
		草种	品种
兰州	该区为高原沟壑区,地形复杂,海拔多在 900～1 500 mm,年降水量 300 mm,土壤含盐量大,pH 值高	草地早熟禾	巴塞罗那、百蒂娅、男爵
		多年生黑麦草	首相Ⅱ、顶峰
		匍匐剪股颖	摄政王、百瑞发
		细弱剪股颖	百绿、皇冠
		狗牙根	百慕大
呼和浩特	该区为干旱、半干旱气候区,夏季酷热,pH 值较高;年降水量 426 mm;1 月份平均气温 -13.2 ℃,7 月份为 26 ℃	高羊茅	凤凰
		草地早熟禾	巴赞、巴润
		多年生黑麦草	百乐、百瑰
		硬羊茅	百妃娜
乌鲁木齐	该区气候温和,降水偏少,水资源短缺,分布不平衡,年降水量 572 mm,5～8 月为降水集中区;1 月份平均气温 -15.6 ℃,7 月份为 30.6 ℃。本区干旱、多大风,土壤基质较粗,加之过度放牧和不合理的垦殖,土地沙化严重	高羊茅	凌志、百丽
		草地早熟禾	巴塞罗那、男爵、巴润
		多年生黑麦草	百宝、百瑰、顶峰、首相Ⅱ
		匍匐紫羊茅	百琪
		细羊茅	百绿
		剪股颖	继承、百都
西宁	该区年降水量 371.7 mm;1 月份平均气温 -7.6 ℃,7 月份为 21.8 ℃,昼夜温差大	高羊茅	巴比松
		草地早熟禾	巴润
		多年生黑麦草	百瑰、百乐
		硬羊茅	百妃娜
成都	该区年降水量 976 mm,80%～85% 降水集中在 3～9 月,水热同期;1 月份平均气温 7.2 ℃,7 月份为 28.6 ℃。总体而论,土壤中性偏酸	高羊茅	凤凰、百幸、巴比伦、百丽
		草地早熟禾	巴润、巴塞罗那
		多年生黑麦草	首相、草坪之星
		匍匐剪股颖	摄政王
广州	本区气候具有热带、亚热带特点,年降水量 1 680 mm;1 月份平均气温 15.2 ℃,7 月份为 30.9 ℃;本区山地以红壤为主,由于森林覆盖面大,有机质含量较高;平原、丘陵、盆地是较为肥沃的农业土壤,土壤偏酸性	草地早熟禾	男爵
		多年生黑麦草	过渡星
		狗牙根	百慕大

注:引自百绿集团官网。

草坪草种等级标准见表 1-1-2,供大家参考。

表 1-1-2　草坪草种等级标准

中文名	拉丁名	等级	净度(%) (不低于)	发芽率(%) (不低于)	其他种子含量 (质量分数)(%)	含水量(%) (不高于)
冰草	Agropyron cristatum	1	90	80	1.0	11
		2	85	75	1.5	11
		3	80	70	2.0	11
翦股颖	Agrostis spp.	1	90	85	0.5	11
		2	85	80	1.0	11
		3	80	75	1.5	12
地毯草	Axonopus spp.	1	95	80	0.5	12
		2	90	70	1.0	12
		3	85	60	1.5	12
无芒 雀麦	Bromus inermis	1	95	90	1.0	11
		2	90	85	1.5	11
		3	85	80	2.0	11
格兰 马草	Bouteloua gracilis	1	95	85	1.0	12
		2	90	75	1.5	12
		3	85	65	2.0	12
狗牙根	Cynodon spp.	1	95	85	0.5	12
		2	90	80	1.0	12
		3	85	75	1.5	12
画眉草	Eragrotis spp.	1	95	85	0.5	11
		2	90	80	1.0	11
		3	85	75	1.5	11
假俭草	Eremochloa ophiuroides	1	95	80	1.0	11
		2	90	70	1.5	11
		3	85	60	2.0	11
高羊茅	Festuca arundinacea	1	98	85	1.0	12
		2	95	80	1.5	12
		3	90	75	2.0	12

续表 1-1-2

中文名	拉丁名	等级	净度(%)（不低于）	发芽率(%)（不低于）	其他种子含量（质量分数)(%)	含水量(%)（不高于）
细羊茅	*Festuca rubra*	1	95	85	1.0	11
		2	90	80	1.5	11
		3	85	75	2.0	11
黑麦草	*Lolium* spp.	1	98	90	1.0	12
		2	95	85	1.5	12
		3	90	80	2.0	12
巴哈雀稗	*Paspalum notatum*	1	95	75	1.0	12
		2	90	65	1.5	12
		3	85	55	2.0	12
狼尾草	*Pennisetum* spp.	1	95	70	1.0	12
		2	90	60	1.5	12
		3	85	50	2.0	12
猫尾草	*Phleum pratense*	1	95	85	1.0	11
		2	90	75	1.5	11
		3	85	65	2.0	11
早熟禾	*Poa* spp	1	95	85	1.0	11
		2	90	75	1.5	11
		3	85	65	2.0	11
结缕草	*Zoysia* spp.	1	90	70	1.0	12
		2	85	60	1.5	12
		3	80	50	2.0	12
野牛草	*Buchloe engelm*	1	90	70	1.0	11
		2	85	60	1.5	11
		3	80	50	2.0	11

注：引自国家标准《主要花卉产品等级》,2000。

任务二　坪床准备

【参考学时】

2 学时

【知识目标】

- 认识到平整良好的坪床是草坪草种生长发育的基础。
- 了解影响草坪草生长发育的环境因素。
- 掌握土壤改良的基本理论。

【技能目标】

- 能运用所学的基础知识,对给定建坪地进行综合评价,制定出达到建坪场地要求的施工方案。
- 能够熟练进行坪床清理、排灌系统安装、土壤翻耕改良、细平整等各项操作,完成准备坪床的工作任务。

➤ 实施过程

一、清理坪床

清理坪床是指在准备建坪的场地内有计划地清理或减少影响草坪建植和草坪草生长的障碍物的过程。

(一)清理建筑垃圾、岩石、巨砾

(1)建筑垃圾:指石块、石子、砖瓦、碎片、水泥、石灰、泡沫、塑料制品及其建筑机械留下的油污等。这些建筑垃圾,不仅影响草坪建植操作,而且阻碍草坪根系的生长与下扎。因此,在播种前应用耙子耙除,也可用人工或捡石机械清除。

(2)岩石、巨砾:除去露出地表的岩石是清理坪床的主要工作之一。根据设计的总体要求,除确需保留有观赏价值的布景石外,其余一律清除或深埋。通常应在坪床面以下不少于 60 cm 处将其除去,用回填土填平,并灌水使其沉降后再填平,否则将形成水分供给能力不均匀现象。

为了节约建坪费用,大规模建坪时,可以事先挖好深坑,用重型铲车铲除建筑垃圾,岩石、巨砾等埋入坑里,再将挖出的心土平铺于地面,以备建坪。

(二)清理木本植物

清理木本植物包括乔木和花灌木以及树桩、树根和倒木等的清理。对于木本的地上部分,清除前应准备适当的采伐与运输机械。对于倒木、腐木、树桩、树根则可用挖掘机或

其他方法挖除。一方面应避免有些具有根芽的木本植物(如构树、意杨)重新萌发;另一方面应避免残体腐烂后形成洼地,破坏草坪的一致性、平整性,并防止伞菌等的滋生与生成。根据设计的要求,决定保留和移植的方案。能起景观作用的或有纪念意义的古树,要尽量保留,此外一律铲除。

(三)清理污染物

污染物包括农业污染、生活垃圾和化工污染。

(1)农业污染、生活垃圾:农用薄膜、化肥袋子、泡沫塑料等塑料制品不易风化,能长期保留在土壤中,严重影响草坪草根系的生长,进而影响到草坪草对水分、肥料的吸收,在播种前应清除干净,并送废品回收站。油污、药污会造成土壤多年寸草不长,最有效的办法是进行换土。

(2)化工污染:化工污染是指化工等工业企业产生的废气、废液、废尘对草坪植物的毒害。较严重者影响草坪草的生长发育;严重的,会使土壤寸草不长。对于"三废"污染,在换土的同时,还要严格防止废气、废液漂浮或移流到坪床上来。

(四)防除杂草

(1)物理防除:是指用人工或土壤耕作的手段清除杂草的方法,包括人工或机械耕翻、人工拔除、秋季火烧和冬季翻冻等。根据不同的季节和不同的杂草生长期而采取不同的灭除方法。若在生长季节,杂草尚未结籽,可用人工、机械翻压土壤中用做绿肥;若在秋冬季节或夏季,杂草种子已经或接近成熟,可铲除或收割贮藏用做牧草;若是空闲地,可采用诱杀法灭除杂草;若是具有较深根茎的杂草(如空心莲子草、白茅等),则需冬季深翻,进行干冻或人工拣除。

(2)化学防除:是指用化学除草剂杀灭杂草的方法。通常是用高效、低毒、低残留的灭生性的内吸型除草剂和熏蒸剂,如草甘膦、克芜踪、必速灭等。草甘膦为内吸传导型慢性广谱灭生性除草剂,主要抑制物体内烯醇丙酮基莽草素磷酸合成酶,从而抑制莽草素向苯丙氨酸、谷氨酸及色氨酸的转化,使蛋白质的合成受到干扰导致植物死亡。草甘膦是通过茎叶吸收后传导到植物各部位的,可防除单子叶和双子叶、一年生和多年生、草本和灌木等40多科的植物。草甘膦入土后很快与铁、铝等金属离子结合而失去活性,对土壤中潜藏的种子和土壤微生物无不良影响。克芜踪为速效触杀型灭生性季胺盐类除草剂。有效成分对叶绿体层膜破坏力极强,使光合作用和叶绿素合成很快中止,叶片着药后2~3小时即开始受害变色,克芜踪对单子叶和双子叶植物绿色组织均有很强的破坏作用,但无传导作用,只能使着药部位受害,不能穿透栓质化的树皮,接触土壤后很容易被钝化。不能破坏植株的根部和土壤内潜藏的种子,因而施药后杂草有再生现象。必速灭是一种新型广谱土壤消毒剂,对线虫等地下害虫、非休眠杂草种子及块根的杀灭非常彻底,且无残毒,是理想的土壤熏蒸剂,广泛应用于花卉、草坪、苗床、温室等。

对急需种草,只有一年生和越年生杂草的欲建坪地,可用触杀型的克芜踪防除,用后2~3天即可植草;对有一定时段空闲,并且有较多多年生杂草的欲建坪地,可用草甘膦、必速灭防除,用后7~15天即可种植草坪;对场地中需保留一些草坪草时,可有针对性地选用具有选择性的除草剂,如苯达松、2,4-D丁酯、二甲四氯、阔叶净、禾草克、丁草胺等,这类除草剂应在杂草苗期(5叶前)使用,用后7~30天植草。

（3）混合防除：主要采用诱杀法。在含有杂草种子较多的坪床上，用物理方法清除地面杂草后，在播前15天左右，将地整好后，在地面浇足水，促使杂草种子萌发，待杂草长至2～3叶时，用灭生性除草剂进行灭除。

二、安装排水与灌溉系统

对确定欲建草坪的坪床，在土壤改良之前或同时应建立好排水与灌溉系统。排水系统排出坪床多余的水分，而灌溉系统则是在土壤水分不足时，能及时供给水分，只有二者相互配合，才能给草坪创造一个良好的水、气环境。一般而言，我国东南部地区以排水为主，而西北部地区以灌水为主。

（一）排水系统

对大多数土壤而言，排水均有良好的作用，主要表现在：排出过多的水分，改善土壤的通气性，有利于养分的供给；降低和排出地下水，防止涝害，促进草坪草的根系向深层扩展，当干旱尤其是夏秋季表层土壤缺水时，草坪草能吸收到土壤深层的水分；早春土壤升温快；可以扩大草坪，尤其是运动场草坪的使用时间和使用范围。

排水可分为两类，即地表排水和地下排水。地表排水可将草坪草根部多余的水分迅速排出，地下排水的目的是排除土壤深层过多的水分。

1. 地表排水

一般公共绿地或较小的绿地，采用地表排水即可达到排水的目的。

（1）利用地形排水。通常使坪床表面保持0.5%～5%的坡度进行排水，如：围绕建筑物的草坪，从建筑物到草坪的边缘，视地势，做成1%～5%的自然坡度；足球场等运动场地也应保持0.5%～1%的自然坡度。

（2）明沟排水。对地形较为复杂的坪床，则可根据地形的变化、地势的走向，在一定位置开挖不太明显的沟，或明暗结合的沟，以排出局部的积水。

（3）改良土质。草坪土壤一般以沙壤土为好，因为该土壤既具有良好的排水性，又具有较强的保水性。在草坪建植与养护实践中，常通过掺沙、增施有机肥等措施来增加土壤的通透性，以利于土壤的排水。对板结的土壤，可通过打孔、垂直修剪等措施，来保持草坪土壤的通透性，以利于土壤排水。

2. 地下排水

地下排水是在地表下挖一些必要的底沟，以排出地下多余的水分。一般城市绿化草坪、运动场草坪，都应设置地下排水系统。

（1）暗沟排水。这是一种用地下管道与土壤相结合的排水方式。地下水可通过土坡、石头到暗管，最终流到主管排出场地外。排水管的排布常采用网格状、人字形（主干管与支管的连接成45°左右）等形式放置于水的走势位置。排水管放置的深度，依地形地貌、主干管深度、是否有盐碱等因素而定。一般应铺设在草坪下40～90 cm深处，在沿海地区或半干旱地区，因地下水可能造成表土返盐，排水管深可达2 m。排水管的间距为5～20 m。常用的排水管有水泥管和陶管，现在广泛应用的是穿孔的塑料管。在放置排水管时，应在其周围放置一些砾石，以防止细土堵塞管道。

（2）盲沟排水。在运动场地上，为使水分迅速排出场地，在种植草坪前，常在场地内，按一定格式,设置盲沟。盲沟的规格是:深50~60 cm,宽10~15 cm,沟间距2~3 m,沟底填10~15 cm 厚的砾石,其上填10 cm 左右厚的细石,细石上覆5~10 cm 的粗沙,粗沙上再覆5 cm 左右的细沙,最后覆25 cm 左右的土壤。

(二)灌溉系统

灌溉对于促进草坪草的苗壮生长、保持旺盛的生长势与良好的景观,以及延长草坪草的寿命是非常重要的,尤其是景观草坪、运动草坪和在半干旱、干旱地区建立灌溉系统是非常必要的。根据坪床的大小、建坪的目的、草坪草的特点、地理区域和经济条件决定灌溉的形式。灌溉系统可归纳为以下三种形式:

(1)人工浇灌:主要是用软管的方式浇水。其水源是自来水,或用动力在自然水源中抽水引入坪床。

(2)地面漫灌:主要是用引水或动力抽水等方式,将水引入坪床,进行地面漫灌。地面漫灌的缺点是会使土壤板结,影响草坪草的生长。

(3)喷灌:草坪喷灌应用的较多,尤其是景观草坪、运动草坪已基本采用。喷灌有三个基本类型,即移动式喷灌系统、半固定式喷灌系统和固定式喷灌系统。

三、改良土壤

(一)改良土壤质地

最适宜草坪草生长的土壤是壤土或沙壤土,对不适宜草坪草生长的过黏、过沙土壤,就需要改良。改良土壤的总目标是使土壤形成良好的结构,促进草坪草健壮生长。改良土壤的方法很多,一般原则是黏土掺沙,沙土掺黏,使得改良后土壤质地为壤土或沙壤土。具体掺入量多少,要依据原土壤质地、改良厚度和客土质地而定。

改良土壤可在土壤中加入改良剂,以调节土壤的通透性及提高蓄水、保肥能力,施用改良剂对黏土和沙土均有改良作用。目前,生产上主要施用的是泥炭、锯木屑、植物秸秆、粪肥、堆肥等,一般施用量为覆盖坪床表面5 cm 或5 kg/m²。

(二)调节土壤酸碱度

草坪草大都适应 pH 值 5.8~7.4 弱酸至微碱的土壤。我国北方与沿海的一些地区土壤偏碱,pH 值常大于8.0;南方部分地区土壤则偏酸,pH 值常在5.8 以下。对过酸或过碱的土壤需改良,以确保草坪草的正常生长。

对于碱性土常用掺石膏、明矾、硫黄来调节 pH 值。石膏本身是酸性物质,而明矾、硫黄则是在施入土壤后,经水解或氧化产生硫酸,都能起到中和碱性土壤的效果。对于酸性土常用掺石灰粉来调节 pH 值。使用时石灰粉越细越好,以增加土壤离子的交换强度,达到调节土壤 pH 值的目的。

具体的施用量要根据土壤的酸碱程度、土壤质地而灵活掌握,也可测得土壤的 pH 值,进行计算得出。

对于沿海的盐碱地,可采用排碱洗盐法、开沟降盐法、增施有机肥、换土等措施。此外,酸碱性不是很严重的土壤,也可施用有机肥或种植绿肥来调节土壤的酸碱性。

(三)换土或客土

换土是将耕作层的原土用新土全部或部分更换。客土则是完全引进场外的土壤。

欲建草坪的场地上发现下列情况之一时应考虑换土或客土:①欲建草坪的地块上,没有或基本没有土壤;②坪址上原土层太薄,不能保证草坪草正常的生长发育;③坪床上有难以改良的因素,如石块、恶性杂草、过酸过碱等;④地势太低或地下水位太高,又无法排除;⑤严重的化工污染;⑥改土所花费用比换土或客土费用更高时。

换土方法:换土后应保证有效土层厚度不少于 20~30 cm,换土时应以肥沃的壤土或沙壤土为主。回填土因所填土壤的质地不同,其密度为 1.4~2.1 t/m³。依据这一数据,可根据体积计算出回填土的总量。回填土时应考虑有 20% 左右的自然沉降,为保证其有效厚度,需加上这一系数。回填土时逐层回填,并逐层镇压。对于高低不平的场地,回填土的厚度不一。回填时,将回填厚的区域预留一定的下沉系数,或镇压强度大一些,也可以上水洇灌,使其自然下沉,以确保坪面的平整性。

如回填土与原土层的土壤质地相差较大,回填土层又不厚,应在交会层进行深 5~10 cm 的混合,以求得一个适当的过渡层。

(四)施足基肥

草坪草同所有植物一样,需要从土壤中吸收使植物良好生长的 16 种必需元素。缺乏其中任何一种元素,草坪草的正常生长就会受阻。可通过看苗诊断的方式,确认营养元素的余缺。其中氮、磷、钾是草坪草苗壮生长的基本物质保障。氮素是叶绿素、氨基酸、蛋白质、核酸的组成成分。土壤中缺氮时,草坪草生长受阻,叶面积变小,分蘖减少,下部叶片先褪绿变黄,枯死,然后上部叶片发黄,易发锈病。氮过多时,叶色暗绿,生长过快,细胞壁变薄,茎叶柔嫩,抗性差,易发多种病虫害。磷素是细胞质遗传物质的组成元素,还起着能量传递和贮存的作用。磷肥有助于草坪草根系的生长发育。钾素在大量化合物(氨基酸、蛋白质、碳水化合物)合成中起重要作用。钾肥能促进草坪草健壮生长,有助于抗病和抗严寒能力的提高。

草坪要保持持久的景观,必须施足长效基肥。基肥中,应以长效的有机肥为主,速效的化学肥料为辅,并采用深施或全层施的施肥方法。有机肥主要是农家肥(沤肥、堆肥、粪肥)、植物肥料(饼肥、绿肥、泥炭、睿糠)。化肥以氮、磷、钾三元素复合肥为主。基肥的施用量,要看土壤的肥沃程度、草坪的种类、建坪的目标和播种的时期而灵活掌握,一般农家肥、泥炭的施用量为 4~6 kg/m²,饼肥 0.2~0.4 kg/m²,复合肥 0.1~0.2 kg/m²。

在方法上,应采用有机肥深施或全层施、化肥浅施的施肥方法。即结合耕翻或旋耕将有机肥深施在 20~30 cm 土层中,在粗整或精整时,将化肥施在 5~10 cm 土层中。

(五)应用土壤保水剂

在湿润地区,也常有干旱的季节,应用土壤保水剂能发挥很好的保水作用,在半干旱、干旱等缺水地区应用土壤保水剂,显得更为重要。近年来,我国已研制的专用土壤保水剂是一种高分子物质,吸水量是其自重的几千倍以上,又不易蒸发,可长期供给草坪草根系吸收。一般施用量在 5 g/m² 左右。施用锯木屑、睿糠、泥炭等也能起到很好的保水、改土作用。

四、翻耕土壤

翻耕土壤是建坪前对土壤进行翻土、松土、碎土等一系列的耕作过程。翻耕的目的在于为草坪创造一个理想的土壤环境,以促进其根系的生长发育。通过翻耕,使土壤的通透性得以改善,提高土壤的持水保肥能力,减少根系在土壤中的生长阻力。

(一)翻耕的要求

普通的翻耕深度为 30 cm,可以消除土壤板结,改善土壤结构。翻耕后使土壤疏松,通透性好,地面平整,土壤细碎,上松下实。

(二)翻耕的方法

小面积通常用犁、锄头、铲子、耙等工具人工完成,大面积可用旋耕机完成。人工翻耙措施包括犁地、挖土、碎土、耙平等,机械翻耕作业包括犁地、耙地、旋耕等。犁地是利用畜力或机械动力牵引,用犁将土壤翻转的过程。旋耕是用机械耕地的过程。翻耕完土地后,用耙子耙平,使坪床平整,做到上松下实。

在翻耕土地时,一是要注意翻耕时的土壤湿度,在土壤不干不湿的状态下进行最好,检查的办法是用手可以把土壤捏成团,抛到地上土团即散开,说明土壤湿润,适合翻耕。太干耕作阻力大,太湿粘机械,操作不方便,土块不易破碎。二是要注意杂草杂物的清理,以确保土壤无异物。

五、土壤细平整

细平整是整地的最后一道工序,主要是抓好以下几道工序:

(1)挖高填低:对欲建草坪的地面不平整的地块,应按设计的要求,进行挖高填低,使坪面达到设计的要求。对达不到设计标高的场地,要从外地运土,使之达到标高;反之,对超过标高的场地,要将多余的土外运。

(2)整理坡度:为防坪床积水,坪床表面应整成一定的坡面,适宜的坡度为 0.5% ~ 2.5%。在建筑物附近,坡向应是远离建筑物的方向;运动场、开放式的广场应以场所中点为中心,向四周排水;高尔夫球场草坪,发球台和球道则应在一个或多个方向上向障碍区倾斜,坡度的整理可以与整平工序同时进行。

(3)精整:是整成光滑的地表,为种植草坪草作准备的操作。平整要坚持的原则是"小平大不平",即除地形设计的起伏和应保留的坡度外,其余都应平整一致。精整主要是将小起伏整平,将较大的土堡细碎,并进一步捡除杂物。小面积上人工平整是理想的方法,常用工具为搂耙,来回梳理,也可用一条绳拉一个钢垫进行精整;大面积上精整则需要借助专用设备,包括刮平机械、板条大耙、重钢耱等。

> *相关知识*

一、影响草坪草生长的环境因素

新建草坪所在地的环境决定了场地准备的工作内容和工作方法。这些环境因素包括气象因素、地形因素、土壤因素等。

（一）气象因素

气象因素对草坪场地准备的影响主要是降水量的影响。降水量多且集中的地区，排水设施应放在首位；降水量少的干旱地区，灌水系统则更重要。

（二）地形因素

地形因素是场地准备要考虑的主要因子之一。地形决定大面积的地表排水状况与周边排水系统的高差。处于低洼地带应回填土，避免场地积水。

（三）土壤因素

（1）质地。粗细不同的土粒在土壤中占有不同比例，形成不同的质地。根据土壤质地可把土壤划分为沙土、壤土、黏土。

沙土：含沙多，土质疏松，通气透水，是较理想的草坪基质，但不能很好地蓄水、保肥，因此管理费用较高。

壤土：沙、黏粒适中，通气、透水、蓄水、保肥。水、肥、气、热状况比较协调，草坪草生长很适宜。但由于践踏和灌溉等因素的影响，后期容易板结，通气、透水受到影响，需要通过打孔来改良。

黏土：含黏粒多，土质黏重，通气、透水差，对草坪草的生长发育有不利的影响，必须通过换土或者加沙等改良措施后才能作为草坪场地。

（2）持水量。这是与土壤质地相关联的因子。田间持水量25%左右对草坪草的生长最合适。太大则通气不良，太小则根系不易吸水，需经常浇水灌溉。

（3）孔隙。草坪草的根系发达，呼吸需要大量的空气。因此，需要土壤中有一定的孔隙，土壤孔隙率一般在25%～30%最适宜。

（4）酸碱度。一般用 pH 值表示。草坪草生长最适宜的 pH 值是 6～7.5，即土壤既不太酸，也不太碱。pH 值在 5.5 以下和 8.0 以上时除少数草种能适宜生长外，对大部分草坪草生长不利，必须经过中和改良，才能适于草坪草的生长。

二、建坪地基况调查

（一）建坪地基况调查设计程序

在草坪建植前，应首先对欲建坪的场地进行基况调查，以确定该场地是否可以建植草坪，建植何类型草坪，以及采取哪些必要的措施。调查的设计程序基本为：调查、研究、诊断、规划→基本构思→基本规划→基本设计→实施计划→施工。

（二）基况调查的内容

1. 气候调查

气候调查主要包括：年、月、日平均气温，最高、最低气温，历史气温极值，大于 0 ℃与10 ℃年积温；封冻的起讫期，冻土层厚度；年降水量及其季节分布，年蒸发量及其季节分布；日照时间与强度；主要灾害性天气。

2. 地形调查

地形决定大面积地表的排水状况和地下水的含量，通过对标高、坡向、起伏度的调查，以确定建坪地的标高、坡度大小与方向、土方是否运出或回填。调查时,一要收集与测绘地形图;二是确定地形整理与否、地形整理是否得当、地形整理深广度。

3. 土壤调查

(1)土层状况调查:通过对土壤剖面的调查,查看土层分布状况。

(2)土壤理化性状调查:主要是土壤的质地,有机质与腐殖质的含量,酸碱度,主要养分的含量,总盐分含量,主要有害盐分含量等。

(3)其他杂物调查:包括石块、建筑垃圾等。

4. 水文调查

水文调查主要包括水系分布,土壤含水量,地下水位的高低及季节性变化,灌溉水源的水质,水量与水温,以及上游是否存在污染源。

5. 植被调查

植被调查主要调查天然植物种类及其生长状况,栽培植物种类及其生长状况,草坪建植种类,规模与现状,欲建坪床的前作,杂草种类与数量。

(1)木本植物要摸清树木的种类与数量,再根据建坪目标确定去留范围,以及移植的数量与位置。

(2)草本植物全面调查草本植物的种类与数量,一是可以为选用草种提供参考,二是可保留有应用价值的乡土草种和清除杂草。

6. 景观调查

景观调查主要包含眺望地点、自然景观和人文景观。

另外,还应对能源、交通、社会环境、周边环境和城市规划进行调查。

➤ 知识拓展

如何创造适合草坪草生长的土壤环境

草坪群落的土壤环境可以包括人工合成物质、天然土地、有机残留物或它们的混合物。土壤作为草坪草生长的基础条件,它的主要功能是为草的生长提供肥力、水分、气体交换条件、根系支撑等。土壤结构与质地的好坏,直接关系到草坪草的生长发育和草坪的坪用性状。天然土壤是千万年来经过风化、淋洗和有机物质积累而由成土母质发育而来的,由于发育程度不同及所含营养元素的差异,天然土壤往往不能完全满足草坪坪床要求的条件,这就要求对土壤进行改良。草坪草的根系在 30 cm 左右的表层土壤里,因此坪床要求土质疏松、透气、肥沃,地面平整、排水保水能力良好。也就是说,坪床土壤表层 30 cm 土壤状况,直接影响草坪的坪床质量和草坪草的生长发育。尤其在城市中,要建坪的土壤常含有工程建筑垃圾,其性状已经完全不同于原有自然土壤的性质,需要加强改良利用和精细管理。

一、土壤的物理化学性质

(一)土壤的物理性质

土壤质地是由土壤颗粒的大小和它们之间的相对比例所决定的。土壤质地决定土壤的保水性能和单位重量土壤表面积的大小,黏粒土壤孔隙太小,所含水都为吸附水,草坪草无法利用。沙土孔隙太大,持水力差。粉沙中孔隙度较大,能保持较多的植物有效水分。土壤结构是指土壤颗粒的排列方式。一般草坪草生长的最好结构应为沙、黏土、粉沙的比例合适,形成良好的团粒结构,结构不好的土壤,湿时坚实、板结,干时坚硬如铁。这种土壤必须进行改良。

土壤质地与结构决定着土壤的保水能力,决定着草坪的耐旱耐涝能力,也决定着土壤的通气保肥能力。土壤温度决定草坪的生长速度,草在低于 0 ℃ 时很少生长。15 ℃生长较快。当然,不同的草种对土温要求不同,如 18~24 ℃ 早熟禾根系生长良好,24 ℃ 以上则生长缓慢,而狗牙根在 35 ℃时非常适合生长。

(二)土壤化学性质

土壤胶体表面上发生着一系列化学反应,它决定着土壤的物理特性、土壤肥力、土壤pH 值、土壤盐分的动态变化,也决定着土壤养分的有效性,即草可利用土壤中营养元素的多少。这就要求在坪床准备时,对土壤胶体的性质结构有所了解,并通过有效手段来改变其离子交换过程,调控一系列的土壤反应来改变土壤的结构、土壤的 pH 值、土壤的含盐量来满足草正常生长的需要。

二、土壤的生物组成

土壤生物是由微生物、小动物、植物根系和地下茎,土壤内或土壤表面上分解或部分分解的植物、动物残体组成。土壤生物的含量、比例、活动范围、活动强度严重地影响着土壤是否适宜作为坪床。土壤微生物可把无效态的养分转为有效态,也可以改善土壤的结构。但是有些寄生真菌会影响到草坪草的生长。另外,寄生性线虫通过侵染草坪草的根系,危害性很大,经过它侵染后的根系也易造成其他细菌的侵染。土壤动物大多有利于提高土壤养分含量和改善土壤结构的,但有些大型的土壤动物不仅挖洞穴,也采食草坪草,对草坪草生长产生不良的影响,也应适当地进行控制。当然坪床土壤中的杂草都应除去。半分解或未分解的有机质残留层,会影响草坪的抗胁迫能力,应该在建植坪床时去除掉。

三、坪床土壤要求

(一)坪床土壤的基本要求

坪床土壤中应没有石块、树桩、树根、瓦砾、碎玻璃、废弃地膜、建筑垃圾等杂物;土壤有良好的质地与结构、表层疏松、颗粒大小适中、通气性良好、透水性好,人为践踏后不易板结;土壤肥力充足,有利于土壤微生物的生长繁殖和植物的生长发育;土壤排水保水能力强,不易形成积水;土壤酸碱度微酸或中性,含盐量适中。

（二）灌、排水系统完备

灌溉是保证适时、适量地满足草坪草生长发育所需水分的主要手段之一，是弥补大气降水不足和季节分布不均匀的有效措施，也可冲洗草坪草叶面上附着的化肥、农药和灰尘，以及用于干热天气下叶面降温等。灌溉系统由水源、控制中心、管道系统、喷头等构成。排水系统也是必需的，一般有地面排水和地下排水两种方法。根据建坪目的和当地气候条件，合理设计安装排灌系统是土壤作为坪床所需要的。

四、坪床处理与土地改良

对坪床土壤要取样测定其粒级、质地；分析有机质含量；分析土壤的理化性质。在测定的基础上对土壤进行改良。

（一）加客土

当建坪土壤的质地、有机质、肥力、酸碱性等远远达不到坪床的要求，且不能用其他改良措施取得良好效果时，要进行彻底换新土或加客土进行改良。

（二）加沙或加泥炭和锯屑

当土壤其他特征尚好，而质地太差、黏性太重或沙质太重、团粒结构差、通气透水性能差时，要经过加沙或加泥炭来改善土壤的通气透水性能和保水保肥能力，也可提高土壤的有机质含量与能力。

（三）调节酸碱度

当土壤酸性太强时可加一定量的石灰粉以提高 pH 值，这在南方建坪时较常见。加石灰粉不仅能改良酸性，也有利于水稳性团粒结构的形成，使草坪草根系生长良好，改善提高某些养分的有效性，减少有毒元素的有效性，更加适宜微生物活动。石灰在土壤剖面上移动非常慢，因而施石灰时应与土壤混合好。对于碱性土壤，除反复水洗灌溉弱酸性肥料外，可加碱性改良剂，同时也可沉淀部分有害盐类。

（四）施足底肥

一般说来，每公顷要施充分发酵腐熟的有机肥 22 500～37 500 kg，有时根据建坪目的、要求成坪速度及土壤条件和建坪草种的不同，可施一定比例的氮、磷、钾无机肥作为底肥。

（五）合理设计灌溉排水系统

据气象资料设计排灌系统，要求既能满足实际需要又不造成浪费。地表排水时，整理坪床的坡向坡度应十分注意，不要造成坪床积水，积水会使草坪草根系浅表化、活力降低、病虫害增加、使用性下降。

（六）去除有害的生物群体

当土壤有害生物太多时，可通过改良措施予以控制，在改良手段不能起到控制效果时，可用杀菌剂、杀虫剂、除草剂等进行坪床处理，但必须注意用时、用量。

总之，坪床的好坏直接影响着草坪的质量与寿命，在草坪建植时必须注意对坪床进行精耕细作与合理改良。当然，在坪床处理时应考虑经济效益、社会效益、生态效益，不能盲目地精细、盲目地改良，这是坪床处理的基本前提条件。

任务三　绿地草坪建植技术

【参考学时】

3 学时

【知识目标】

- 认识播种法建坪是北方冷季型草坪草常用的建植方法。
- 掌握种子质量好坏的判定指标,草坪混播的相关知识。

【技能目标】

- 能够熟练进行播种法建坪、铺植法建坪。
- 能够根据当地的气候环境特点正确地进行草坪草混播。

➤ 实施过程

一、确定播种时间

从理论上讲,草坪草在一年的任何时候均可播种。但在生产中,由于种子萌发的自然环境因子——气温是无法人为控制的,所以建坪时必须抓住播种适期,以利种子萌发,提高幼苗成活率,保证幼苗有足够的生长时间,能正常越冬或越夏,并抑制苗期杂草的危害。如冷季型禾草最适宜的播种时间是夏末,暖季型草坪草则在春末和初夏。

暖季型草坪草发芽温度相对较高,一般为 20 ~ 35 ℃,最适温度为 25 ~ 30 ℃。所以,暖季型草坪草必须在春末和夏初播种,这样才能有足够的时间和条件形成草坪。

冷季型草坪草发芽温度为 10 ~ 30 ℃,最适发芽温度为 20 ~ 25 ℃。所以,冷季型草坪草适宜播种期在春季、夏末和秋季。在春季日平均温度稳定通过 6 ~ 10 ℃,保证率在80% 以上,至夏季日平均气温稳定达到 20 ℃之前,夏末日平均气温稳定降到 24 ℃以下,秋季日平均气温降到 15 ℃之前,均为播种适期。秋天播种杂草少,是建坪最好的季节。春天播种杂草多、病虫害多,管理难度较大。但是,在有树遮阴的地方建植草坪时,由于光线不足,会使草坪稀疏或导致建坪失败。在此条件下,春季播种比秋季播种建植要好,因为春季落叶树叶子较小,光照较好。

二、计算播种量

播种所遵循的一般原则是要保证足够量的种子发芽,每平方米出苗应在 10 000 ~ 20 000株。根据这项原则,如果草地早熟禾种子的纯度为 90%,发芽率为 80%,每克种子 4×10^3 粒时,每平方米应播 3.6 ~ 7.2 g 种子。这个计算是假定所有的纯活种子都能出苗,而实际上由于种子的质量和播后环境条件的影响,幼苗的致死率可达 50% 以上。因此,草地早熟禾的建议播种量为 6 ~ 8 g/m²。特殊情况下,为了加快成坪速度,可加大播种量,草坪草种子的播种量除了取决于种子质量,还与草种的混合组成、土壤状况以及工程的性质有关。

混播组合的播种量计算方法:当两种草混播时先确定混播的播种总量,再根据混播的比例计算出每种草的用量。例如,若配制 90% 高羊茅和 10% 草地早熟禾混播组合,混播种量 40 g/m²。首先计算高羊茅的用量为 40 g/m² ×90% =36 g/m²,然后计算草地早熟禾的用量为 40 g/m² ×10% =4 g/m²。

当播种量算出来之后,即可根据需要建植草坪的面积,计算出总的种子需要量。实际种子备量,一般取"足且略余 5% ~ 10%"为宜。对照实有的种子贮备量,若有多余,满足备补种子的需要。若数量不足,缺口又不大,宜做好播种前的种子处理,提高播种质量,争取少损失、多出苗;若缺口较大,应及时补足。

三、播种方法

草坪草播种是把大量的种子均匀地撒在坪床上,并把它们混入 0.5 ~ 1.5 cm 的表土层中,或覆土 0.5 ~ 1.0 cm 厚。播种过深或覆土过厚,导致出苗率下降;过浅或不覆土,种子会被地表径流冲走或发芽后干枯。一般播种深度以不超过种子长径的 3 倍为准。

播种的技术关键是把种子均匀地撒于坪床上,只要能达到均匀播种,用任何播种方法都可以。一般可把播种方法归纳为人工撒播和机械播种两类。

(一)人工撒播

很多草坪是用人工撒播的方法建成的。这种方法要求工人播种技术熟练,否则很难达到播种均匀一致的要求。其优点是灵活,尤其在有乔灌木等障碍物的位置、坡地及狭长和小面积建植地上适用,缺点是播种不均匀,用种量不易控制,有时造成种子浪费。人工撒播大致分以下五步:

第一步,把建坪地划分成若干块或条(见图 1-3-1(a))。

第二步,把种子相应地分成若干份(见图 1-3-1(b))。

第三步,把种子均匀地撒播在相应的地块上,种子细小可掺细沙、细土,分 2 ~ 3 次横向、纵向均匀撒播(见图 1-3-1(c))。

第四步,用细齿耙轻搂或竹丝扫帚轻拍,使种子浅浅地混入表土层(见图 1-3-1(d))。若覆土,所用细土也要分成相应的若干份撒盖在种子上。

第五步,轻度镇压,使种子与土壤紧密接触(见图 1-3-1(e))。

第六步,浇水,必须用雾状喷头,以避免种子被冲刷(见图 1-3-1(f))。

(二)机械播种

在草坪建植时,使用机械播种可大大提高工作效率,尤其当草坪建植面积较大时,如各类运动场草坪的建植,适宜用机械完成。机械播种的优点是容易控制播种量,播种均匀,省时、省力;不足之处是不够灵活。

常用播种机根据动力类型可分为手摇式播种机(见图 1-3-2)、手推式播种机(见图 1-3-3)和自行式播种机;根据种子下落方式可分为旋转式播种机和下落式播种机。经过校正的施肥器可用于小面积草坪定量播种。下面介绍几种比较常用的草坪播种机。

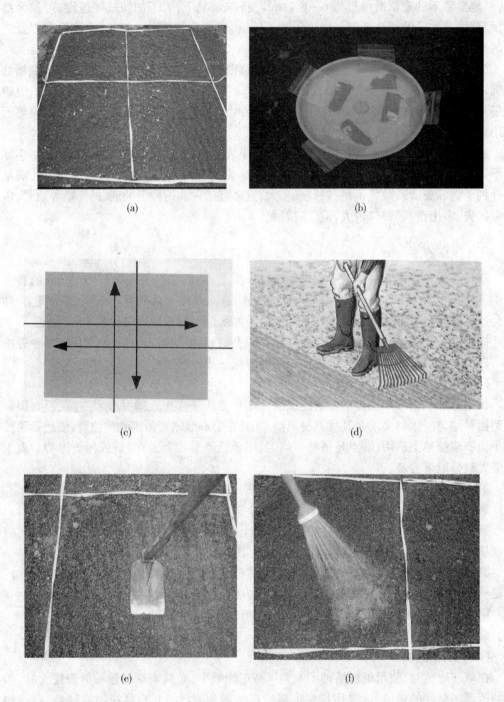

图 1-3-1　人工撒播步骤

（引自《草坪建植与养护》，鲁朝辉，2009）

图 1-3-2　手摇式播种机　　　　图 1-3-3　手推式播种机

1. 手摇式播种机

手摇式播种机的工作特点是手摇动排种盘，从料袋下来的草籽经过旋转的排种盘时受到离心力的作用而撒开。手摇播种机适用于小面积撒播草种，且要求操作者行走速度保持一致，手摇动均匀。

2. 手推式播种机

手推式播种机体积小，重量轻，操作维护方便。适用于小面积草坪播种、施肥。播种量可随意调节，撒播均匀。

手推式播种机又分下落式和旋转式两种。

在使用下落式播种机时，料斗中的种子可以通过基部一列小孔下落到草坪上，孔的大小可根据播种量的大小来调整。由于机具的播种宽度受限，因而工作效率较低。

旋转式播种机的操作是随着操作者的行走，种子下落到料斗下面的小盘上，通过离心力将种子撒到半圆范围内。在控制好来回重复的范围时，此方式可以得到满意的效果，尤其对于大面积草坪，工作效率较高。

3. 旋耕播种机

旋耕播种机简称旋播机，是一种把旋耕和播种作业工作部件组合在一起的联合作业机械。它利用旋耕刀将表层土壤和作物残茬打碎，然后直接进行播种，并利用旋耕刀旋耕起的碎土对种子进行覆盖，而不需要预先耕整地，因此旋耕播种机也是一种免耕（或少耕）播种机具。它的作业质量好，劳动生产率高，有利于降低生产成本、减轻劳动强度。旋耕播种机除旋耕播种外，也可单独作旋耕机使用。

旋播机的配套动力有手扶拖拉机及轮式拖拉机等。旋耕机主要由旋耕刀滚、种子箱、排种器、镇压轮和传动机构等组成，包括旋耕和播种两大部分。旋耕部分，旋耕刀的直径一般比较小，多为 300～350 mm，刀滚的转速比普通旋耕机要快一些，以利于打碎土壤，对种子进行覆盖。排种器多用塑料制成的外槽轮式排种器，结构简单、轻巧，工作可靠。

旋耕机常用调整镇压轮高低的方法改变碎土深度。镇压轮连接板上有多个孔，当把镇压轮连接到不同孔上时，它相对于旋耕刀的位置就不同，从而改变碎土深度。还可连接刮土器，其位置上下调节时，可改变播种深度。

四、新建草坪初期管理

新建的草坪当草坪草种子或幼苗开始萌发或发育生长之时,就应开始草坪的培育管理,以确保尽快建坪成功,其管理措施主要包括覆盖、浇水、揭除覆盖物、施肥、修剪和病虫草害防治等。

(一)覆盖

覆盖物主要用到正在建植或已建植的草坪上,在草坪建植中应用目的是减少侵蚀和固定种子、枝条等,并为幼苗萌发和草坪草的提早返青提供一个更适宜的小环境。草坪建植因季节、坪床、土壤、气候等因素而受影响,因此草坪覆盖一般在以下条件下进行:

(1)播种季节正是雨季或坪床表面为坡地时,为稳定和固定种子,以抗风和地表径流的侵蚀,需进行覆盖。

(2)气候(主要是气温)变化较大时,为缓冲地表温度波动,保护已萌发的种子和幼苗免遭温度变化而受害,需进行覆盖。

(3)建植季节正处于夏季高温期,为减少地表水分蒸发,为幼苗生长提供一个较湿润的小环境,需进行覆盖。

(4)晚秋早春建坪时,低温不能很好地满足草坪草的发育与生长,需进行覆盖,以提高地表温度。

(5)坪床土壤质地黏性,易板结,为减少灌溉水和雨水的冲击形成板结土壤,需进行覆盖,使土壤保持良好的透气性和渗透率。

现在,建植草坪时可用于覆盖的物质很多,一般应根据场地需要、来源、成本及局部的有效性来确定。常用的材料是秸秆,它成本低、来源广,但必须不含杂草,禾草干草也有与秸秆相似的作用(当然也需防止杂草)。疏松的木质物,如木质纤维素、木片、刨花、锯木屑、切碎的树皮等也是良好的覆盖材料。另外,工业生产的玻璃纤维、干净的聚乙烯膜、弹性多聚乳胶等均能用于覆盖。在生产中,玻璃纤维丝是用特制的压缩空气枪施用的,能形成持久覆盖,但它不利于以后的剪草,因此多用于管理少的坡地强制绿化。聚乙烯膜覆盖可产生温室效应,可加速种子萌生与提前草坪草的返青。弹性多聚乳胶是可喷雾的物质,它仅能提高和稳定床土的抗侵蚀性。

材料不同,可能使用的操作方式也不一样。小面积草坪覆盖可人工铺盖秸秆、干草或薄膜,在多风的场地应用桩和细绳组成十字网固定。大面积场地则用吹风机完成铺盖,而木质纤维素和弹性多聚乳胶应先置于水中,使之在喷雾器中形成淤浆后,与种子和肥料配合使用。

(二)浇水

种子发芽、出苗、生长都需要一定量的水分,依靠降雨远远不能满足,合理浇水是建植草坪成功的关键。浇水能促进草籽发芽快,出芽整齐,因此浇水要均匀,水珠不要太大,不要浇得过多。浇水均匀能使种子吸水一致,发芽整齐。为了保证喷水均匀,应尽量做到少量、慢速喷洒。浇水以能湿到地面下 3~5 cm 为宜。还要及时检查浇水效果,发现漏浇及时补上。浇水时水珠宜小不宜大,最好是雾状,因为较大的水珠容易对种子形成冲溅作用,同时对土表的平整、种子分布均匀度以及发芽都有影响。因此,播后用稻草覆盖主要目的就是防止水珠过大引起的副作用,当然覆盖还有保温保湿的作用。使用雾化管非常有效,雾化管喷出的水成雾状,对种子的发芽非常有利。浇水次数要视坪床是沙质还是土质而不同。沙质坪床不保水,浇水时间和频率、数量都要比土质坪床多一些。均匀、少量、多次是浇水的总原则。

(三)揭除覆盖物

草坪草的出苗时间不同,覆盖物的揭除也要根据具体情况而定。如在 15~25 ℃ 的条件下,各种草坪草出苗所需的天数为:多年生黑麦草 7~14 天,苇状羊茅 7~14 天,细羊茅 7~21 天,匍匐翦股颖为 4~12 天,草地早熟禾为 14~28 天,野牛草为 14~30 天,普通狗牙根为 10~30 天,白三叶为 5 天等。种子发芽整齐后,就可揭去覆盖物,若长时间不揭去,会影响新芽的生长,并易引起病虫害。但若覆盖物很快烂去也可不揭。

(四)施肥

在坪床准备时,如果基肥施得较多,一般直播草坪在两个月内不用追肥。如果幼苗出现不健康的黄绿色,则要追肥。施肥以复合肥为主,氮肥比例稍高一点。施肥的原则是均匀、少量、多次。施肥不均匀易引起生长不齐,叶色深浅不一。幼苗期随苗龄的增长,每次施肥量可以少量增加。施肥中要注意防止灼伤草坪草,施肥不均匀或者在叶面未干时施肥都容易引起幼苗灼伤,施肥时间不能在浇水之后,也不能在露水未干之前。为了防止灼伤,施肥后要浇水。为防止肥料流失,降大雨时不要施肥。

(五)修剪

冷季型草坪草发芽后 1 个月就可修剪。修剪不仅能使草坪平整美观,而且可以促进分蘖。修剪使用的机械也比较多,但总的要求是刀口锋利,叶片切口要整齐,否则容易引起病害。修剪高度视使用目的不同而不同。第一次修剪高度一般为 3~5 cm,以后可逐渐下降至一个稳定的高度,修剪下来的草屑要及时清除。

(六)病虫草害防治

杂草通常是新建草坪危害最大的敌人,杂草防治也是新建草坪最重要的管理措施。因此,在草坪建植前的一系列准备工作中,都要严格要求,以防止坪床外的杂草侵入,如种子、无性繁殖材料的纯度的选择:植物性覆盖材料的选用,以及秋季严霜的处理(可除去草坪中大多数的一年生杂草)措施等,甚至还将种植土和表施的土壤进行熏蒸处理、夏季休闲等,严格控制这些程序可以清除大部分杂草。然而,尽管这样,杂草终归或多或少地要侵染草坪。此时,清除杂草较有效的方法是使用化学除草剂,它防除杂草快速全面,但要掌握良好的施药技术,尽量不损伤草坪草。也可以人工拔除,它不损伤草坪草,但费时费力。

当杂草萌生后,可使用非选择内吸性除草剂,能够有效地抑制杂草的竞争力。在冷地型草坪草播种后,可立即使用萌前除草剂——环草隆,可有效地防治大部分夏季一年生禾草和某些阔叶性杂草。当草坪定植后,可使用萌后除草剂(2,4-D、2 甲 4 氯丙酸和麦草畏),以有效地减少杂草与幼小草坪草的竞争力。

大多数除草剂对幼小草坪草均有较强的毒害作用,因此除草剂的使用通常都需要推迟到幼坪植被发育到足够健壮的时候进行。在第一次修剪前,通常不使用萌后除草剂或者将其用量减至正常施量的一半使用(每平方米使用 0.046 g 2,4-D + 0.012 g 麦草畏),

这样既能杀灭杂草,而且对草坪草损伤小。为消灭马唐及夏季一年生禾草,可采用有机砷制剂,施用时间应推迟到第二次修剪后,用量也要减少一半。从邻接草皮块缝中长出的杂草,可用萌前除草剂,时间应推迟在播种后3～4周。

　　草坪的病害多是坪床过于潮湿或草坪草的枝条密度过大而引起的。因此,控制好草坪的灌水频率,保持坪床排水通畅、草坪草枝条密度适中就可避免大部分苗期病害。在有条件的地方,可在播前用杀菌剂或熏蒸处理过的种子,如为防止腐霉菌凋萎病,最常用的拌种剂是氯唑灵,此外,也可用克菌丹和福美双防治根茎腐坏真菌。如果确实存在病害生存的条件或已发生了病害,就要于草坪草萌发后施用农药来预防或抑制病害的发生和蔓延。

　　在新建的草坪上,一般昆虫的危害不甚显著,危害性也不大,但是地下害虫蝼蛄常通过打洞活动危害草坪,它主要是连根拔起幼苗和打洞干燥土壤,造成严重危害,可利用毒死蜱等药剂防治蝼蛄。

 相关知识

一、种子质量

　　种子质量是影响播种建坪效果的关键因素之一。影响种子质量的两个基本因素是种子的纯净度和发芽率(即活力)。通常,草坪草种子的纯净度在80%～90%。所有草坪草的种子都很小,需要鉴别力很强的人或非常有经验的人才能区分这些不同品种的草坪草种子或杂草种子与其他谷物种子。在种子袋的标签上还必须标明混合草种中杂草和无效成分(碎屑、污物等)的比例。一般地,草坪草种子的发芽率不应低于75%。常用纯净度和发芽率之积来体现种子质量的高低,积值越大,表示种子质量越优。

　　在估测各个草坪草种的质量方面,表1-3-1列出的标准可以供大家参考。

表1-3-1　草坪草种子标准

品种	最低纯净度（%）	最低发芽率（%）	品种	最低纯净度（%）	最低发芽率（%）
草地早熟禾	82	75	野牛草	85	60
紫羊茅	97	85	地毯草	90	85
细弱翦股颖	95	85	假俭草	45	65
匍匐翦股颖	95	85	高羊茅	95	85
普通狗牙根	95	80	多年生黑麦草	97	85
小糠草	92	90	一年生黑麦草	95	90
结缕草	90	70	白三叶	95	85
狗牙根	97	85			

注:引自《草坪建植手册》,鲜小林,2005。

除纯净种子的百分率外,杂草种子的数量也很重要,特别是当这些杂草危害特别严重时。我国出口的草坪草种子常常因为杂草种子含量过高而不为外商所接受。

二、草坪混播

(一)草种混播形式

(1)长期混合草坪。根据草坪的功能要求,提高对环境的适应性和抗逆性,或提高利用品质,或兼而有之,选择两个或多个竞争力相当、寿命相仿、性状互补的草种或品种混合种植,取长补短,提高草坪质量,延长草坪寿命。

同种不同品种的混合,取不同品种之长,优势互补,形成抗逆力更强、品质更优又不失纯一的草坪。如将不同品种的草地早熟禾混播,可得到优质草坪。

同属不同种的混合,如结缕草属的结缕草和中华结缕草的混合草坪,景观效果如同单一品种草坪,而在水热因素的忍受力方面可以互补,可扩大种植区域。

不同属间草种的混合,如长江三角洲的丘陵和平原,常用结缕草 + 中华结缕草 + 假俭草的自然混合草坪。因三者竞争力难分高低,适应了长江三角洲气候、土壤环境的历史性变化,成为特别稳定的草坪。又如以高羊茅为主,加少量草地早熟禾(10% 左右)的混播草坪,在长江流域种植,优势互补,形成很稠密的冷季型草坪。

(2)短期混合草坪。用一二年生或短期多年生草种和长期多年生草种混合种植。其中,一二年生或短期多年生草种为"保护草种",长期多年生草种为"建坪草种"。目的是利用"保护草种"苗期生长迅速、能很快成坪的特点,保护苗期生长缓慢、建坪速度慢的"建坪草种"。该混合草坪在 1 ~ 2 年后,保护草种完成使命,形成纯一或混合的长期草坪。用做"保护草种"的常有多花黑麦草、黑麦草等,如用黑麦草 + 草地早熟禾 + 匍匐翦股颖 + 紫羊茅 + 细弱翦股颖组合建植的足球场草坪,两三年后黑麦草基本消失,成为所余草种的混合草坪。

(3)套种常绿草坪。在长江以南,将冬绿型草种(如黑麦草、早熟禾等)在夏绿型草坪上套种,形成四季常绿的混合草坪,称为套种常绿草坪。南京地区试种结果,冬季景观较好,但两种草坪在换季时景观稍差,且需年年套种,费用较高。又如在狗牙根草坪冬季休眠前(10 月底 11 月初)套种黑麦草,保持冬季绿色至翌年 4 ~ 5 月狗牙根返青后,经强修剪结合高温去掉黑麦草,形成四季常绿草坪。若能找到不要年年套种的四季常绿的草种组合,则费用将大大降低。在长江以南地区较适宜套种的草坪草种主要有黑麦草、紫羊茅、早熟禾等。

(二)常见草种混播配方

许多研究者和草种公司推出多种混播配方,以下是常见的几种:

(1)90% 精选的草地早熟禾(3 种或 3 种以上混合) + 10% 改良的多年生黑麦草。适应于冷凉气候带高尔夫球场的球道、发球台和庭园等。

(2)80% 匍匐翦股颖 Putter + 20% 匍匐翦股颖(Cobra 或 Ponneagle)。适应于冷凉气候带,形成高质量的高尔夫发球台、球道等。

(3)30% 半矮生高羊茅 + 60% 高羊茅改良品种 + 10% 草地早熟禾改良品种。适应于冷暖转换地带的庭园,冷凉沿海地区高尔夫球道、发球台。

(4)混合多年生黑麦草,用于暖季型草场的冬季补播。如多年生黑麦草(30% SR4400 + 40% SR4010 + 30% SR4100),可作为冬季补播和冷凉地区高尔夫球道及运动场。

(5)50% 高羊茅 + 25% 多年生黑麦草 + 10% 白三叶 + 10% 狗牙根 + 5% 结缕草。此配方可用于护坡草坪。

以上列举的只是某一局部地区的组合例子,在使用时应根据当地的气候条件而调整。目前草坪草新品种较多,亦可根据需要进行选择和组合。

(三)草种混播注意事项

(1)被选用做混播的草种或品种要在叶片质地、生长习性、根状茎、色泽、枝叶密度、垂直向上、生长速度等几方面有较一致的特点。如小糠草,由于其较粗质地的叶片,丛生的生长习性及灰绿色的颜色,就不能与草地早熟禾和紫羊茅混播。

(2)混合各组分的比例要适当。生长旺盛的草种,如多年生黑麦草在混播中的比例常不超过50%。在高羊茅和草地早熟禾的混播中,由于高羊茅的丛生生长特性,高羊茅必须是混播的主要成分,其组分在85% ~90% 为宜,以形成致密的草坪。

➤ 知识拓展

企事业单位绿地草坪的建植

一、企事业单位草坪类型

(1)企业草坪:在企业单位应更多地采用种植草坪,绿化生态环境。大多数企业单位自然条件、环境条件差,建筑群密度大,框架结构多,地下水电气管网复杂,形成了特殊的地貌环境,增加了绿化难度,草坪的铺设将解决这一矛盾,能起到绿化美化的作用。

(2)事业单位草坪:机关、事业单位的草坪绿化,是专用园林绿地的重要组成部分。在花、草、树的配置下,既不同于一般庭园的草坪绿化,又有别于公共游览草坪绿化,应该是朴素典雅、美观大方,创造一个优美、雅静的环境。

二、企事业单位草坪建植

(1)坪床准备:一般企事业单位在建植前要事先清除杂物,对于那些土壤黏重或受过重压而紧实的土壤,用旋转犁深翻30 cm,然后打碎土块、整平地面,对土壤结构、肥料差,特别是对有污染源的,应进行必要的客土。对表土黏重、肥力差的,应混合施入粗沙、细煤渣土,同时施入腐熟的土肥、肥料$3 \sim 5 \ kg/m^2$ 或复合肥$20 \sim 30 \ kg/m^2$。

修建的草地最好是使地面的中心地区稍微高一些,形成0.2%的排水坡度,或者以某一基线向某一方向倾斜。如果临近建筑物,要从屋基向外倾斜,直到草地的边缘,比房基低0.5 cm向外倾斜。

（2）种植：企事业单位大门和厂前区办公用房周围环境是单位文明生产的象征。为创造一个清新、安静、优美的工作环境，门口采用自然式大草坪或庭园式的草坪，多采用质地柔软、光滑、草姿美的草种，可采用直播草地早熟禾或狗牙根、翦股颖或铺种马尼拉草、野牛草。大多数冷季型草种，直播最经济。冷季型草种，在温度 15~25 ℃时播种，暖季型草种最好在 25~35 ℃时进行播种。在播种的前 1~2 天应灌透水，保持土壤湿润，以利于提高种子发芽率。采用手摇播种机在已整好的土壤上（翦股颖 3~4 g/m²，草地早熟禾 8~12 g/m²，狗牙根 5~8 g/m²）将种子均匀地覆盖到坪床上。然后用小平耙把种子耙到 0.5 cm 的土层中。用碌子对坪床进行全面碾压，以利种子更好地与土壤结合。为了保墒，可用稻草、无纺布等覆盖。草地早熟禾和翦股颖还可以采用分株栽植。

生产区绿化比较复杂，因车间生产特点不同，绿地面积不等，环境条件各异。首先要选择一些生长快、抗性强、防污、滞尘能力强，管理粗放的草种，在工厂的生产区除种植抗污花木外，在污染较大的车间四周不宜密植树木，应多种植低矮的花卉或草坪草，以利于通风、引风进入，稀释有害气体，减少污染危害。

草坪草多选用多年生黑麦草、结缕草、细叶结缕草、野牛草、假俭草、沿阶草。多年生黑麦草、结缕草，多采用直播；细叶结缕草、野牛草、假俭草可采用分株、匍匐枝繁殖。马尼拉草、野牛草、狗牙根等具有匍匐茎，种子不易采收，多采用分根无性繁殖，一般在春夏季进行。马尼拉草、狗牙根在 5 月初、9 月初也可采用匍匐枝的嫩草段进行分株繁殖。嫩草块挖起，敲去泥土，用手拉开匍匐枝，散铺在事先用耙耙松的土面上，覆盖细土镇压。也可采用带土小土块，按 20 cm×20 cm 株行距分栽。野牛草按 10 cm×20 cm 株行距分栽。

铺植法建坪

铺植法即用草皮或草毯铺植后，经分枝、分蘖和匍匐生长成坪。

一、草皮的生产

（一）普通草皮的生产

选择靠近路边，便于运输的地块，将土地仔细翻耕、平整压实，做到地面平整、土壤细碎。最好播前灌水。当土壤不粘脚时，疏松表土。用手工撒播或机械播种。播后用竹扫帚轻扫一遍或用细齿耙轻搂一遍，使种子和土壤充分接触，并起到覆土作用，平后镇压。根据天气情况适当浇水，保持地面湿润，要使用雾状喷头，以免冲刷种子。如果温度适宜，草地早熟禾各品种一般 8~12 天出苗，高羊茅、黑麦草 6~8 天出苗。苗期要注意及时清除杂草。长江以南地区草皮生产多采用水田，坪床准备好之后，先灌水，使土壤呈泥浆状，然后撒茎，边撒边拍，使草茎与土壤紧密接触。一般 60 天左右即能成坪。

当草坪成坪后，有客户需要可立即铲（起）"草"。起草皮之前要提前 24 小时修剪并喷水，镇压保持土壤湿润，因为土壤干燥时起皮难，容易松散。传统的起草皮方法是先在草坪田内用刀划线，把草坪划成长 30~40 cm、宽 20~30 cm 的块，然后用平底铁锹铲起，带土厚度 0.5 cm 左右。每 6~7 块扎成一捆。在卡车上码放整齐，运送至目的地。若用小型铲草皮机可铲成宽 32 cm、长 1 m 左右的块，卷成筒状装车码放，比人工铲草皮省工、省时,但铲草机带土厚(1~2 cm)。有条件的可采用大型起草皮机,一次作业可完成铲、切、滚卷并堆放在货盘上等工作,这种机械用于大面积草皮生产基地。

草皮带土厚度要尽可能薄,以减少土壤损失,而且草皮重量轻,易搬动。草皮装载运至建坪现场后要尽早及时铺植,以免草皮失水,降低成活率。

(二)无土草毯的生产

无土草毯的生产程序为:建隔离层→铺种网→铺基质→播种→覆盖基质→浇水→管理成坪。

隔离层应选用砖砌场地、水泥场地或用农膜,目的是使草坪根系与土壤隔开,便于起坪。种网可用无纺布、粗孔遮阳网等,网孔大小适中,且能在一年内分解,目的是使草坪草根系缠绕其上防止草毯破碎。培养基质要求质轻、蓄水蓄肥力强、取材方便、成本低,主要有锯屑、稻壳、农作物秸秆等,要堆沤腐熟并配以营养剂(一般使用草坪专用复合肥)。无土草毯管理的关键是灌溉和施肥。要建立喷灌系统,播种至出苗阶段一定要保持基质呈湿润状态,出苗后适当蹲苗,以促进根系生长。施肥要坚持"少吃多餐"的原则,出苗前一般不施肥,出苗后视苗情隔6~7天追施专用肥一次,每次 10 g/m^2 左右,也可用尿素或三元复合肥。

二、铺植方法

(一)满铺法(密铺法)

满铺法是将草皮或草毯铺在整好的地上,将地面完全覆盖,人称"瞬时草坪",但建坪的成本较高,常用来建植急用草坪或修补损坏的草坪。可采用人工或机械铺设。

机械铺设通常是使用大型拖拉机带动起草皮机起皮,然后自动卷皮,运到建坪场地机械化铺植(见图1-3-4),这种方法常用于面积较大的场地,如各类运动场、高尔夫球场等。

用人工或小型铲草皮机起出的草皮采用人工铺植(见图1-3-5)。从场地边缘开始铺,草皮块之间保留 1 cm 左右的间隙,主要是防止草皮块在搬运途中干缩,浇水浸泡后,边缘出现膨大而凸起。第二行的草皮与第一行要错开,就像砌砖一样。为了避免人踩在新铺的草皮上造成土壤凹陷、留下脚印,可在草皮上放置一块木板,人站在木板上工作。铺植后通过滚压,使草皮与土壤紧密接触,易于生根,然后浇透水。也可浇水后,立即用锄头或耙轻拍镇压,之后再浇水,把草叶冲洗干净,以利光合作用。

图1-3-4　机械铺设草皮

图1-3-5　人工铺植草皮

如草皮一时不能用完,应一块一块地散开平放在遮阴处,因堆积起来会使叶色变黄,必要时还需浇水。

(二)间铺法

间铺法是为了节约草皮材料。用长方形草皮块以3~6 cm 间距或更大间距铺植在场地内,或用草皮块相间排列(见图1-3-6),铺植面积为总面积的1/2。铺植时也要压紧、浇水。使用间铺法比密铺法可节约草皮1/3~1/2,成本相应降低,但成坪时间相对较长。间铺法适用于匍匐性强的草种,如狗牙根、结缕草和翦股颖等。

图1-3-6　间铺法

三、铺植法建植初期管理

(1)浇水、施肥。浇水要保持草根茎湿润。施肥是以氮、磷、钾复合肥为主,每次用量20~30 g/m²,小面积人工撒施,大面积采用机械施肥。

(2)覆土。铺贴的草坪在草块接口处难免不平整,可以通过覆土来解决。覆土分接口处撒土和全面覆土两种。土要细,有条件的用黄沙更好。注意土里不要混入杂草种子。

(3)杂草防除。铺贴3天后,用封闭性除草剂全面喷洒,防止草块带来的杂草种子萌发。

(4)镇压。铺后即要进行草坪镇压,新草坪的养护要进行多次镇压,促使草块与坪床密接,促进生根,还能使草坪更加平整。一般第一个月要进行4次左右,以后视情况酌减。

(5)修剪。一般草坪铲起之前要修剪一遍,以保持草坪高度一致。铺完1个月以后可以修剪。

草茎撒播法建坪

一、建植方法

草茎撒播法是通过无性繁殖的方式进行的,即营养繁殖的方法。草茎撒播法适宜于不太热的生长季节中。方法是:铲起草皮,然后将匍匐嫩枝和草茎切成3~5 cm 节段均匀撒播在坪床上,覆土压实(稍微压一下即可)。此后正常养护管理,30～45天后,草茎发出新芽。

二、技术要领

(1)坪床要求精细平整,土壤细碎,深厚肥沃,无低洼积水处。

(2)草茎一定要新鲜,尽量缩短采集到播种之间的时间,以免失水影响成活率。草茎长度以带2～3个茎节为宜,可采用机械切碎或人工撕碎的方式进行加工,以便于播种均匀。

(3)草茎用量为0.5 kg/m² 左右,一定要撒播均匀。

(4)覆细土0.5 cm 厚左右,使草茎埋入土中或部分埋入土中。

(5)覆土后镇压,使草茎与坪床紧密结合。

(6)喷灌最好用雾状喷头,喷灌强度小到中,保持土壤湿润至发新根、长新叶。

学习情境二　防护草坪建植

任务一　植生带法建植防护草坪

【参考学时】

2 学时

【知识目标】

- 认识植生带法建坪在防护草坪建植中的意义。
- 了解植生带的生产工艺。
- 掌握植生带的购买、贮存、运输过程中的注意事项。

【能力目标】

- 能够进行植生带建坪及对新建坪进行科学养护。

 实施过程

一、护坡植生带的铺植方法

(1)坪床准备。首先要清除坡地内的石块、土建杂物,把分布在地表 20 cm 范围内的杂物清除干净,有条件的地方建议翻土深度 20～30 cm,整地时将底肥与土壤充分混合,如果翻耕难度较大,也要保证地面平整,地表无土块、碎石等。把翻松的土壤耙平,坡度起伏尽量缓和,不要出现大的棱角,有条件的可略碾压一下。

(2)铺种植生带。最好在阴天无风的下午铺设,有风的天气铺设难度大,铺后易被风刮坏。铺植方法是把植生带打开,铺在平整好的坡床上,注意应将无纺布的一面朝上,边缘交接处要重叠 1～2 cm,可用 U 形插签或自制的 U 形铁丝固定植生带边缘。为了保证出苗整齐,应在植生带上均匀覆土,厚度以不露出植生带为宜,一般在 3～5 mm,有条件的,覆土后再略微碾压一下更好。

(3)苗期养护。铺种完后应及时喷水,最好用喷灌方式,避免水柱直冲,第一次浇水要浇透,喷头要细,雾化要好,在出苗期的水分管理应以保持地表湿润为宜。出苗后可逐渐减少喷灌次数,加大浇水量,一次浇透。成坪后的养护与常规草坪相同,定期施肥、浇水、修剪。

二、草坪植生带的铺植方法

植生带法建植草坪主要应用于防护草坪建植,但在绿地草坪建植时也有应用,现将其建植方法简单介绍如下:

(1)坪床准备。同绿地草坪建植,这里不再作介绍。

(2)铺种植生带。把植生带打开,铺在平整好的坡床上,注意应将无纺布的一面朝上,边缘交接处要重叠 1~2 cm,可用 U 形插签固定植生带边缘并建议在植生带上均匀覆土,厚度以不露出植生带为宜,一般在 3~5 mm,播后用轻型辊子滚压一下,有利于种子发芽后根系的生长发育。

(3)苗期养护。铺种完后即可喷水,最好用喷灌方式,避免水柱直冲,水量以保持地表湿润为宜。出苗后可逐渐减少喷灌次数,加大浇水量,一次浇透。成坪后的养护与常规草坪相同。

一、植生带的含义及特点

草坪植生带是指把草坪草种子均匀地固定在两层无纺布或纸布之间形成的草坪建植材料。植生带法是草坪建植中的一项新技术,在北方应用较多,生产上已经工厂化(见图 2-1-1、图 2-1-2)。目前应用最多的是草坪护坡植生带,适宜在坡度 3∶1 以上坡度施工种植,不适于 3∶1 以下陡坡。它是经加强改进,在专用生产线设备上按照特定的工艺和配方,精选适合专用于护坡的优质高抗性草种及其他有效成分按照一定的密度定植在可以自然降解的木浆纤维带基和丙纶无纺布中间,经冷复合加工所形成的工业化产品。植生带不但可以在平地上广泛使用,而且特别适合在起伏不平的地形上建造自然草坪,如高尔夫球场、坡度不是太陡的高速公路等护坡、公园坡地等,这是因为种子带基对种子的黏滞定位保护作用而有效地防止了种子的流失。

图 2-1-1　植生带生产车间　　　　　　　图 2-1-2　植生带产品

草坪护坡植生带有效地改变了传统草坪的种植方法,便于施工、运输、养护,成坪效果好。其主要特点如下:

(1)播种量精确、稳定、合理;

(2)出苗率高、出苗齐、高抗性(成坪后耐践踏、耐贫瘠、抗病耐干旱等)、苗期易养护、成坪快而美观,其中冷地型品种绿期更长;

(3)早期对杂草有较好的抑制作用;

(4)施工简化,省工、省时、易养护,种子不易流失,护坡效果好;

(5)其带基采用可自然降解材料,不对环境造成二次污染;

(6)储运方便。

二、植生带的材料组成及加工工艺

(一)植生带的材料组成

(1)载体。目前利用的载体主要有无纺布、植物碎屑、纸载体等。原则是播种后能在短期内降解,避免对环境造成污染;材质轻薄,具有良好物理强度。

(2)草种。各种草坪草种子均可做成植生带。如草地早熟禾、高羊茅、黑麦草、白三叶等。种子的净度和发芽率一定要符合要求,否则制作工艺再好,做出的种子带也无使用价值。

(3)黏合剂。多采用水溶性胶黏合剂或具有黏性的树脂。可以把种子和载体黏合在一起。

(二)加工工艺

目前,国内外采用的加工工艺主要有双层热复合植生带生产工艺、单层点播植生带工艺、双层针刺复合匀播植生带工艺。近期我国推出冷复合法生产工艺。各种工艺各有优势和不足,目前都在改进和发展中。加工工艺的基本要求如下:

(1)种子植生带的加工工艺一定要保证种子不受损伤,包括机械磨损、冷热复合对种子活力的影响,确保种子的活力和发芽率。

(2)布种均匀,定位准确,保证播种的质量和密度。

(3)载体轻薄、均匀,不能有破损或漏洞。

(4)植生带的长度、宽度要一致,边沿要整齐。

(5)植生带中种子的发芽率不低于常规种子发芽率的95%。

(三)植生带的贮存和运输

植生带在贮存时库房要整洁、卫生、干燥、通风。一般温度为10~20℃,湿度不超过30%。在贮存过程中应注意防火。还要预防杂菌污染及虫害、鼠害对植生带的危害。在运输中主要是防水、防潮、防磨损。

 **知识拓展**

一、草坪植生带与种子直播对比

(1)植生带的前期播种是由机械完成的,其播种量科学合理,分布均匀一致。而直播是在工地现场进行的,无论是手工播种还是机械播种,都不可避免地受到外界因素的干扰,尤其是多品种混播时,更不易达到植生带的精密定种效果。

(2)植生带草坪可以提高地温,减少地面水分蒸发,促进种子发芽,而带基对种子的定位作用,可使草种保持在相同的土壤深度上,因而出苗齐、成坪快又美观。而直播种子,有深有浅,尤其养护浇水时会使部分种子浮到地表流失,或被虫食造成发芽率下降,出苗不齐时常出现斑秃。

(3)植生带早期的阻挡作用可以在一定程度上抑制杂草的长出。

(4)种子直播不论是手撒还是借用机械播种,都需要较高的专业技艺,而用植生带施工一般人都能完成。

(5)植生带生产过程可以从工艺上任意设定播种量,还可按照科学配比加工生产混播草坪和缀花草坪等,也可以按需求在植生带中加入肥料及保水剂等有益成分。

二、草坪植生带与传统草根分栽、草块移栽相比

(1)植生带草坪从一出苗就是均匀一致的,成坪郁闭性、观赏性强,而草根分栽的草郁闭慢,一撮一撮像草地,不宜建造高档观赏性草坪。

(2)草根分栽不易实现混播草坪。

(3)草根、草块均需要占有育苗和生产基地,不但生产期长、受季节限制,而且会因长期反复生产使良田大量沃土流失,这些土壤都是经过数百年耕种锄刨、阳光雨露养分丰富的"熟土",这样剥皮般一层层剥去,种不了几茬,大片良田将变成盐碱低洼地,土壤出现沙化,从而破坏了生态,破坏了人类自身赖以生存的根基。而植生带是在工厂化车间进行生产,不受耕地、季节等限制,可常年生产。

(4)草根、草块搬运笨重,如100 m² 草皮重量可达2 t 左右并至少需2 t 级卡车装载运输,而同样100 m² 植生带的重量不到8 kg,同样2 t 级卡车可装植生带10 000 m²。野外施工运输十分方便,特别适合交通不便地块的种植。

(5)草根分栽特别慢,草块施工需要专门技术,而且劳动强度大,长成的效果是一撮一撮的。用植生带施工速度快、工效高,相当于草根分栽的5 ~ 10 倍,植生带还可以根据地形地貌随意裁剪,拼接成形。

(6)植生带的成坪过程是直观从种子发芽为幼苗至青春期到成草生长的全过程。正常养护情况下,草坪寿命可达4~5 年。而铺植后的草皮卷或草根,人们所能看到的成坪生长过程只是个不完整的过程。当时好看,尤其是一些图便宜的草皮、草根(非当年培育),在铺植后便会遇到也就是人们常说的"更年期草",这种草使用寿命短,移植后1~2年即开始退化。

三、植生带的环保优势

(1)生产当中不破坏耕地。

(2)植生带所采用的带基是特制的纯天然木浆纤维料。植入地中40 天左右即可全部自然降解,变成肥料,不会对环境造成二次污染,这正是植生带有别于其他同类产品的显著特点。

任务二　喷播法建植防护草坪

【参考学时】

2 学时

【知识目标】

- 认识喷播法在防护草坪建植中的作用。
- 了解喷播原理和常用喷播设备。
- 掌握喷播草浆的材料组成。

【技能目标】

- 熟悉喷播建坪的整个过程,能解决建植过程中经常出现的技术性问题。

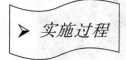 **实施过程**

一、整地

在杂草较多的地方,要进行化学除草,一般在播前 1 周采用灭生性除草剂防除。喷播地段坡度不大的地方,可以进行耕作,但旋耕方向要与坡垂直,即沿等高线进行。要填平较大的冲蚀沟,沙土多的地段还需填土,以保证草坪草的生长需要。天气干旱时,最好在播前喷一次水。

二、选择喷头

根据不同的地形,可以选用不同的喷头。大型护坡工程或对质量要求不高的草坪,可以选用远程喷射喷嘴,其效率高,但均匀性差;小块面积或对质量要求高的草坪则采用扇形喷嘴或可调喷嘴,近距离喷植,效率相对较低但均匀性好。

三、喷播建坪

喷播时,水与纤维覆盖物的重量比一般为 30∶1。根据喷播机的容器容量,计算材料的一次用量,不同的机型一次用量也不同。一般先加水至罐的 1/4 处,开动水泵,使之旋转,再加水,然后依次加入种子、肥料、活性钙、保水剂、纤维覆盖物、乳合剂等,搅拌 5～10 min,使浆液混合均匀后才可喷播。

喷播时离心泵把草浆压入软管,从喷头喷出,操作人员要把草浆均匀、连续地喷到地面上。每罐喷完,应及时加进 1/4 罐的水,并循环空转,防止上一罐的物料依附沉积在管道和泵中。完工后用 1/4 罐清水将罐、泵和管子清洗干净。

图 2-2-1 以北京某山体一坡面为例,施工过程供大家参考。

(a) 清理坡面　　　　　　　　　　　　(b) 铺设生态植被垫

(c) 坡面挂网　　　　　　　　　　　　(d) 铆钉锚固网面

(e) 铺生态棒　　　　　　　　　　　　(f) 铺生态袋

(g) 喷射植生基材　　　　　　　　　　(h) 覆盖草帘

图 2-2-1　喷播建坪的过程

（引自《草坪建植与管理技术》,杨凤云等,2012）

(i) 喷雾养护　　　　　　　　　　　　　(j) 竣工 45 天效果

续图 2-2-1

相关知识

一、喷播设备

喷播设备主要由机械部分、搅拌部分、喷射部分、料罐部分等组成，一般安装在大型载重汽车上，施工时现场拌料、现场喷播(见图 2-2-2、图 2-2-3)。

图 2-2-2　客土喷播机　　　　　　　图 2-2-3　喷播施工现场

二、草浆的原料

草坪喷浆要求无毒、无害、无污染，黏着性强，保水性好，养分丰富，喷到地表能形成耐水膜，反复吸水不失黏性，能显著提高土壤团粒结构，有效地防止坡面浅层滑坡及径流，使种子、幼苗不流失。

草浆一般包括水、纤维、黏合剂、复合肥、染色剂、草坪草种子等，根据情况可选择添加保水剂、松土剂、活性钙等。

(1)水。作为溶剂，把纤维、草籽、肥料、黏合剂等均匀混合在一起。

(2)纤维。纤维在水和动力作用下可形成均匀的悬浮液体，喷后能均匀地覆盖地表，具有包裹和固定种子、吸水保温、提高种子发芽率及防止冲刷的作用。这种纤维覆盖物是用木材、废旧报纸、纸制品、稻草、麦秸等为原料,经过热磨、干燥等物理加工方法加工成絮状纤维。纤维覆盖物一般在平地少用,坡地多用,用量为 60 ~ 120 g/m^2。

(3)黏合剂。黏合剂由高质量的自然胶、高分子聚合物等配方组成,水溶性好,并能形成胶状水混浆液,具有较强的黏合力、持水性和通透性。平地少用或不用,坡地多用;黏土少用,沙地多用。一般用量占纤维重的 3% 左右。

(4)肥料。最好为复合肥,一般用量为 2 ~ 3 g/m^2。

(5)染色剂。一般采用绿色,使水和纤维着色,用以指示界限,喷播后很容易检查是否漏播。

(6)活性钙。用于调节土壤 pH 值。

(7)保水剂。是一种无毒、无害、无污染的水溶性高分子聚合物,具有强烈的保水性能。一般用量 3 ~ 5 g/m^2。湿润地区少用或不用,干旱地区用量多些。

(8)草坪草种。一般根据地域、用途和草坪草本身的特性选择草种,采用单播或混播的方式播种。

知识拓展

一、国外、国内客土喷播技术发展状况

客土喷播技术在发达国家边坡防护中的应用已有较长的历史,目前这项技术已经发展得比较成熟。客土喷播技术最早于 1936 年在美国得到应用,其后日本对客土喷播技术进行了比较深入的研究和应用,并将其发展成一门生态防护技术。

20 世纪 90 年代末,我国交通部科学研究院从日本引进了客土喷播防护技术,开始在公路岩质路基边坡进行研究和试验。2000 年,广东省河惠高速公路开始用客土喷播技术对岩质路基边坡绿化防护进行了试验并取得成功。之后,湖南临长高速公路、云南大保高速公路、河南洛南高速公路南阳段等相继推广应用并取得了较好的效果。

二、客土喷播技术的基本原理

客土喷播是将植物种子、肥料、保水剂、土壤、有机物、稳定剂等混合物充分混合后,通过高压设备和喷射机按设计厚度均匀喷到需防护的工程坡面,经过养护管理后,植物发芽成长,达到快速绿化贫瘠坡面的目的。

(一)土壤学原理

众所周知,土壤和水分是植物生长的基本条件之一。不同植物对土壤基础厚度要求不同,高大乔木要求土壤基础厚度深,草本植物要求的土壤基础厚度浅。岩质边坡或是土质贫瘠边坡自然情况下植物生长困难。因此,只能通过喷射机将利于植物生长、发育的基质按照不同的物种所需基础厚度喷射附着到坡面上,经过养护管理后达到预期的绿化效果。客土基质含有丰富有机质,其保水性和保肥性较一般土壤好。除植物生长所需基质厚度外,土壤的酸碱性对植物生长也有影响,过酸或过碱土质均不利于植物生长。土壤团粒太密实或太疏松也不利于植物生长。因此,在选择客土材料前,可以先鉴定当地土质、地表水的酸碱性,并充分考虑上述因素后进行优化选择。

除植物生长所需基质厚度外,土壤的酸碱性对植物生长也有影响,过酸或过碱土质均不利于植物生长。土壤团粒太密实或太疏松也不利于植物生长。因此,在选择客土材料前,可以先鉴定当地土质、地表水的酸碱性,并充分考虑上述因素后进行优化选择。

(二)生态学原理

客土喷播种植的植物群落种类必须具有较强的稳定性,能适应当地的气候、土质条件,具有较强的抗逆性、耐寒性、耐干旱性。植物群落具有以下特征:

(1)植物群落自然选择的结果,人工恢复植物群落的痕迹不能太明显;

(2)乔木、灌木、花草等植物有机结合;

(3)具有较强的自我繁衍能力。

因此,采用客土喷播对边坡进行生态绿化时,物种的选择要从生态学角度出发,尽可能采用适应当地自然环境的植物种类及乡土植物种类,并使各植物种类合理配置,以求能形成最接近当地自然植物群落的效果。

学习情境三　运动场草坪建植

任务一　足球场草坪建植

【参考学时】

4 学时

【知识目标】

- 认识运动场草坪在建植和养护中的特殊性。
- 了解运动场草坪的含义、类型和特点。
- 掌握足球场草坪的建植过程。

【能力目标】

- 能够运用所学的草坪学知识对足球场草坪进行建植,能解决建植过程中常见的技术问题。

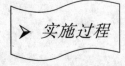

> 实施过程

一、足球场规划设计

(一)足球场的类型

1. 专用足球场

世界足球运动发达国家大多建有专供足球比赛用的场地。根据国际足联的规定,世界杯足球赛决赛阶段使用的足球场必须是 105 m×68 m,边线和端线外各有 2 m 宽的草坪带,故标准足球场草坪的面积为 109 m×72 m。通常草坪外还有 10~15 m 的缓冲带,多用来设置商业广告和教练员及球员休息棚等。

足球场的横中线将全场分为两个半场,中线的中点有一个半径为 9.15 m 的中圈;两端线的中点两侧各有 3.66 m 的球门线至球门柱,球门前有 5.5 m×18.32 m 的球门区和 16.5 m×40.32 m 的罚球区(俗称大禁区);罚球区内有一距球门线 11 m 的罚球点,以罚球点为圆心,半径为 9.15 m 的弧线交于罚球区内在线,称为罚球弧;场地的四角各有半径为 0.914 m 的角旗区。

2. 田径足球场

我国的大多数足球场都是将足球场与田径赛场建造在一起的体育场结构,足球场布置在田径场跑道中间,称之为田径足球场。标准的 400 m 体育场的田径跑道内圈一般为 400 m 长,因此足球场只能在周长 400 m 的长椭圆形区域内加以布局,图 3-1-1 是典型的田径足球场的布局。

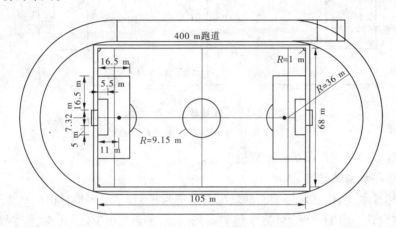

图 3-1-1　田径足球场的布局
(引自《草坪建植与养护》,周兴元,2006)

田径足球场的面积应为 1.9 万 ~ 2.0 万 m², 其中足球场草坪面积设置为 105 m × 68 m 左右。设施齐备的体育场还设有观众席和防雨顶棚,在足球场两端的半圆形区域内,通常设有跳远沙坑、铅球投掷区和跳高台等竞技运动区。

(二)喷灌系统设计

目前,足球场草坪喷灌系统多采用地埋式自动升降喷灌。该喷灌系统要求喷头必须为地埋 – 伸缩式,喷灌时喷头在水的压力下自动弹出,喷完后自动缩回。各级管道均应埋于地下。其优点为:灌溉管理操作方便,省工、省力;整个系统易于自动控制;喷洒均匀度高,易于满足草坪草的需水要求。缺点是投资较高。地埋式喷灌是由伸缩式喷头、加压水泵、输水管道和蓄水池组成。喷头的工作压力为 5 ~ 8 Pa,水泵电机功率为 20 ~ 25 kW,可同时启动 2 ~ 12 个喷头,其水流射程可达 25 ~ 30 m(见图 3-1-2)。喷水均匀性与喷头的布置和水流雾化程度有关,水流的雾化与射程成反比,要使雾化程度高,水流射程就必须缩短。通常喷灌时可根据水滴分布情况,随时调节雾化机构和选择喷水角度,使喷灌更加均匀。

(三)排水系统设计

1. 足球场排水系统的结构

足球场排水系统包括砾石层、排水管道和蓄水池。砾石层是草坪草根系分布层的亚土层,由直径为 2 ~ 10 cm 的砾石构成,通常厚度为 15 ~ 20 cm,也是暂时存水的保水层。排水层下面是排水管道,包括主排水管和排水支管。主排水管和暗渠多用混凝土管或铸铁管,因为排水管都不承压,可用砖、石块与水泥砂浆建成。排水支管可用埋碎石盲沟,多孔陶瓷管和有孔塑料管建造。蓄水池是为了再利用足球场草坪排泄的废水灌溉草坪设置

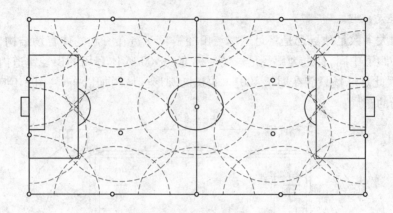

图 3-1-2　足球场喷头布置方式
（引自《草坪建植与养护》,周兴元,2006）

的储水构筑物。多设在足球场外地势较低处。

2. 足球场排水系统的设计

地表自然排水:利用足球场表面的坡度自然排水,一般足球场设计以纵轴为场地的最高点,向两侧设计一定的坡度,目前常用的球场表面坡度为 0.3% ~0.5%。在草坪场地的外沿各做一条排水沟,收集地面坡度径流。田径足球场,则在跑道内侧的道牙外边,做一环形排水沟,以排除跑道和足球场的地表水。

地下渗透排水:地下渗透排水是足球场草坪主要的排水方式,排水系统设计与坪床结构有密切关系,目前多采用地下盲沟排水。建造方法为场地下部铺设盲沟排水管,坪床为沙质坪床。排水量可达 1 500 mm/h,其渗水过程为雨水—面层—沙床—砾石层—盲沟排水管网—排水管。排水管的排列间距一般为 3~5 m,降雨量较大的地区,排列间距较小,而在比较干旱的地区,间距可适当增大,一般在 5 m 以上。

排水管的布设形式可采用周边式或鱼刺式(见图 3-1-3)。周边式排水管的出水口向足球场四周均匀分布,水流进入四周的暗沟后排出。鱼刺式排水管适于地势较高、排水顺畅的场地,是在球场中心线设一条或两条主排水管,支管向两边延伸,并与主管呈一定角度相接。

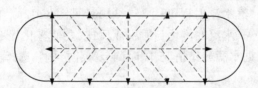

图 3-1-3　鱼刺式足球场地下排水系统

二、足球场草坪建植

(一)制作坪床

坪床是足球场草坪的基础,也是决定足球场草坪运动质量最主要的因子之一。良好的坪床结构不仅有利于草坪的养护管理,而且还可以为运动员创造良好的训练和比赛条件。重要的足球比赛都是按照规定日程进行的,因此一个良好的足球场要求具有良好的坪床结构,在任何气候条件下都能维持一个很好的草坪运动场地,保证足球比赛的正常进行。

1. 床基平整

床基坡度须与足球场的设计表面坡度一致,这样才能保证排水坡度和坪床厚度的一致。床基须建造在坪床表面40 cm以下的位置。坪床结构中如有中间过滤层,床基须在坪床表面下45～50 cm的位置。坪床要求夯实,如果场地基础有湿软之处,必须挖出、换土并夯实,以保持场地基础的紧实。床基平整可以用大型的压路机来操作。

2. 坪床酸碱性调节

根据建坪场地土壤的化学性质进行相应的土壤改良。分为酸性土壤改良、碱性土壤改良和盐性土壤改良,具体改良方法参照绿地草坪建植。

3. 坪床的铺设、平整和压实

混合好的种植层原料须搬运至场地均匀铺设,厚度为30 cm,误差不应超过1.3 cm。在铺设时,混合物应保持湿润以利于压实,并防止扬尘。种植层要求紧实、平整、表面疏松,坡度达到设计要求。

粗平整应按照一定的坡度和坡向进行。作业时把"标桩"钉在固定的坡度水平之间,在进行填土时,每个间隔区均应设置标桩,由于细质土通常下沉12%～15%,填土后要反复整平、压实。

足球场的地表面排水坡度一般控制在3‰～5‰。运动场草坪的坡向一般是沿长轴线走向在短轴线中部隆起呈龟背式,以便从场地中心向四周排水,足球场坡向就属于这种中间高、四周低的龟背型。

细平整是用于平滑土表为播种作准备的一项作业。通常细平整在播种前进行,以防止播种时表土板结,另外在细平整时应注意土壤的湿度。

(二)草坪建植技术

1. 选择草种

足球场草坪草要具备生长旺盛、覆盖力强、根系发达、有弹性、耐践踏、耐修剪、绿期长、持续性能好等几个基本特点,因此要选择抗逆性强、耐磨耐践踏、颜色均一鲜绿的品种。草坪草类型和生物学习性详见绿地草坪建植。

2. 草坪建植

种子直播法:多用于北方冷季型草坪草建植。建植方法是用播种机将种子均匀地撒在坪床上。因为便于控制草种组成、均一性和密度,是最理想的方式。缺点是成坪时间较长,幼苗期管理技术要求较高。

草皮铺植法:将培育好的草皮直接铺植在坪床上的建坪方法。此种方法是足球场草坪建植中较为常用的方法,详细内容参照绿地草坪建植。需要注意的是为使草皮能快速生根,草皮不宜切得太厚,一般不要超过5 cm,而且在铺植后马上进行镇压和浇水。虽然草皮铺植相对于种子直播所需的时间较短,但也要留有足够的时间以使草皮新根系得到充分发育,否则不牢固的草皮极易在比赛中被掀起。

种茎撒植法:此方法多用于暖季型草坪草种植。方法是将匍匐茎切成含有2～3个节的茎段,并将此材料撒在准备好的坪床上,一般 1 m² 的营养枝可铺撒 5～8 m²,然后覆沙或营养土 0.5～1.0 cm,要求部分茎叶露出以利光照和发芽。为控制覆沙或覆土效果,可用成卷的铁丝网先压在营养枝上,然后覆土耙平,移出铁丝网。实践证明,这样覆沙或覆土既可以保证覆盖厚度均一,又可以大幅度提高工作效率。

相关知识

　　运动场草坪是草坪中的"贵族",它不仅反映了草坪拥有者的实力和层次,也客观地展现着草坪管理者的科学素质、技术水平和工作态度。优质的运动场草坪是经济、科学、技术、管理诸因素的综合。运动场草坪发展历史悠久,早在 13 世纪,欧洲就出现了用草坪建植的运动场。15 世纪初,英国的高尔夫球运动在草坪上进行。从此,多种多样的竞技运动与草坪结下了不解之缘。诸多的竞技运动中适宜在草坪上开展的有高尔夫球、足球、橄榄球、网球、棒球、保龄球、马球、板羽球、藤球等。由于运动场草坪柔软舒适、干净卫生、环境优美,不仅可以提高球类运动的质量、防止和减少运动员伤害,还可以为运动员提供一个良好的休息娱乐场所。

一、运动场草坪的概念

　　运动场草坪是指以草坪为竞技、运动、游戏活动载体的专用运动场地。有时运动场地与游戏场地相兼用,总称开放草坪。依据运动项目的不同,草坪运动功能要求、草坪建植及养护管理水平具有较大差异。

二、运动场草坪的功能及类型

　　运动场草坪的功能,首先要满足运动场草坪的使用功能,运动场草坪具有良好的缓冲性能,可以保证一定安全性和舒适性,减少运动员因跌倒、碰撞、拼抢等而造成受伤,对提高运动员参与积极性、发挥最佳竞技状态增加了保障。其次要满足运动场草坪的生态功能,草坪草覆盖运动场地,可保护地表免受风蚀和水蚀,保持水土,抑制尘土飞扬,而且同绿化植物一样,可以净化空气,降低噪声。最后要满足运动场草坪的美化功能,运动场草坪面积大,为了满足观众的审美情趣,越来越多的运动场草坪除满足运动需要外,还通过草坪颜色变化进行艺术造型。

　　运动场草坪依据运动属性及运动类型可分为球类运动场草坪、竞技类运动场草坪、赛马场及斗牛场草坪和游憩类运动场草坪。

三、运动场草坪的基本要求

　　运动场草坪一般评定标准指标为草坪密度、质地、色泽、盖度、均一性、绿期、草坪强度、光滑度、弹性与回弹性、刚性、耐践踏性、自行恢复能力等。运动场类型不同,对草坪的要求也稍有差异,但几乎所有的运动项目都伴随着剧烈的运动或者高强度、高频率地践踏草坪,而且一般要求在赛场连续比赛之后立即恢复常态,所以对运动场草坪草的共同要求是:必须具有很强的生活力,生长速度快,根系发达,耐践踏,耐修剪,再生性好,覆盖性好。不同的运动场对草坪又各有特殊的要求,如足球场草坪要求具有很强的耐践踏力,恢复能力好;网球场草坪除耐践踏外,还应有很好的弹性;高尔夫球场的果岭要求优美精细,耐践踏,耐低修剪。

➤ 知识拓展

人造运动场草坪的应用

人造草坪诞生于 20 世纪 60 年代的美国,是以非生命的塑料化纤产品为原料,采用人工方法制作的模拟草坪。其最大的优点是能满足全天 24 小时高强度的运动需要,且养护简单、场地平整度高、排水迅速,并且不需消耗水资源,被广泛用于多种运动场地。20 世纪 80 年代中后期国产人造草坪开始发展,80 年代末得到快速发展,并被广泛应用,尤其在国内各大高校中应用最多,越来越多的中小学校也加入其中。人造草坪的寿命能达到 6 ~ 10 年。其建造过程主要有场地设计、产品选择、施工服务、维护保养四个部分。

一、场地设计

场地设计包含场地基础和场地面层两个部分的设计。在国内主要有水泥基础、沥青基础、水泥石粉基础和碎石基础。水泥基础和沥青基础的人造草坪稳定、耐用、易控制,但成本高。水泥石粉基础的人造草坪造价适中,施工技术较易控制,因此使用较多。碎石基础的人造草坪造价便宜、施工便捷,但稳定性较差,一般用在使用要求条件不高的场地。

二、产品选择

产品选择包括草纤维材料的选择、底部材料的选择和胶水的选择。草纤维材料的选择在人造草行业内流传着一句话"三分丝,七分织"。草纤维材料常选择聚乙烯,因其性价比较好被广泛应用。聚丙烯草纤维较硬,容易纤化,一般适用于网球场、操场等。尼龙是最好的人造草材料,美国等发达国家普遍采用。在我国由于价格相对较高,大部分单位接受不了,故应用较少。底部材料主要用羊毛复合编织布,该材料耐用、防腐,对胶水和草线都有良好的附着力,价格适中。网格纤维底部,多采用玻璃纤维等材料,对增加底部的强度和草纤维的束缚力有比较好的帮助。胶水采用丁苯乳胶,丁苯乳胶是中国市场的大众材料,性能好、价格便宜、具水融性,但易漏胶;聚氨酯胶强度和束缚力等性能较好,但价格高。

三、施工步骤

施工时首先要对人造草坪的类型进行区分。常用的人造草坪有填充颗粒人造草坪、不充沙人造草坪、天然人造混合草坪三种基本类型。填充颗粒人造草坪具有良好的运动性能和不错的实用性,是国内应用最多的一种类型,占人造草坪的95%,其材料多数采用聚乙烯或聚丙烯两种材料的聚合物,这种草坪的纤维比不充沙草坪的长,表面下回填 2 ~ 3 mm 的石英砂和橡胶颗粒。它的运动特性跟天然草坪非常接近,并可全年全天候使用。这种类型的草坪特别适合铺设在户外,其保用期通常为 5 ~ 8 年。不充沙人造草坪所使用的人造草纤维材料是高档的尼龙材料,也有使用多元纤维的。这种草坪在外形上酷似天然草坪,部分带有一层吸震泡沫软垫层。吸震泡沫底下要铺一层光滑的沥青作为基础,沥青下面还要铺上碎石、沙子和卵石作为基础。在施工中一定要使用人造草专用机械,否则将无法达到场地平整和均匀度的要求。天然人造混合草坪是将天然草坪和人造草坪融合在一起。这种草坪的草是天然的,用塑料对草的根部结构进行加固,例如让草在塑料做成的网状底部上生长。通过这种方式,将天然草坪的特性与人造草坪超强的耐用性很好地结合起来。

四、维护保养

人造草坪的维护保养较天然草简单。定期打扫一下保证草茎直立,沙砾均匀,这样做的目的是将沙砾高度维持在 18 ~ 20 mm 水平,同时要加强现场管理,如不准人员穿钉鞋入场,不准在运动场上乱丢垃圾等,以提高人造草坪的使用寿命。

任务二 高尔夫球场草坪建植

【参考学时】

2 学时

【知识目标】

- 认识高尔夫球场草坪的特殊性。
- 了解高尔夫球场的组成,了解其他运动场草坪的类型及建植过程。
- 掌握高尔夫球场不同功能区草坪建植过程。

【技能目标】

- 能运用所学的知识完成高尔夫球场不同功能区的草坪建植任务,能解决建植过程中经常出现的技术性问题。

一、球场选址与规划

任何一个好的高尔夫球场都是球场的运动功能属性和球场的园林艺术属性相互融合的结果。球场本身就是一幅富有艺术价值的园林艺术作品,而高尔夫是在这幅艺术作品中进行的一种运动。高尔夫球场规划设计的三个基本理念(可打性、艺术性和实用性),自始至终贯穿在球场规划的思路中。进行球场规划的基本程序首先从球场选址开始,再选定俱乐部会管区的位置,然后进行球道布局等规划工作。由于高尔夫球场选址规划对设计者有很高的要求,这里不作详细介绍。

一般标准球场为 18 洞,但有时也有 9 洞的或是 9 洞的整数倍数,例如有 27 洞、36 洞等。这需要根据场地的大小和高尔夫俱乐部的要求而决定。标准 18 洞球场由 18 个距离不等、走向不同的球洞组成,每一个球洞从发球台、经过球道、到达球洞区。在每一个球洞中除有发球台、球道和球洞区外,还有沙坑、水域、树木等障碍。标准球场的总长度在 5 000 ~ 8 000 码(1 码 = 0.914 4 m)不等。

二、场地造型

(一)土石方工程

土石方工程是高尔夫球场建造中所占比例较大的一项工程。一般山地球场的土石方工程量比较大,18 洞高尔夫球场挖填量可以达到 200 万 ~ 300 万 m^3;丘陵地带的起伏比较适合高尔夫球场的要求,土方量一般较少;平原球场建造时土方量介于两者之间,有时需要调入大量客土来弥补挖方量的不足,满足球场必要的起伏和造形。高尔夫球场的土石方工程是按照土方移动平衡图和球道造形等高线图,在场址内进行大范围的土方挖填与调运以及从场外调入大量客土的工程,目的是在原有地形、地貌的基础上,通过土方的重新挖填和分配,使球场大体上形成造形图所要求的起伏和造形。

(二)粗造形

在统筹规划的前提下,粗造形工程和土石方工程可以结合在一起进行。粗造形工程是使用推土机和造形机对造形的局部进行推、挖、填的修理和完善,使之更符合高尔夫球场造形的要求。粗造形工程主要包括球道、高草区的粗造形,人工湖面等水域周围的粗造形和杂物清理等工作。

(三)细造形

高尔夫球场的细造形工程主要包括球道、高草区、隔离带的微地形建造和局部造形细修整工程,以及一些特殊区域如果岭、发球台、沙坑的建造工程。球道和高草区的细造形工程是一项比较特殊的工程,需要根据球道造形局部详图和设计师现场指导实施。球道和高草区的细造形方案确定后,按照设计师的意图修建微地形,对造成局部不适的区域进行细修整和微调,对粗造形工程中形成的所有造形区域进行精雕细琢,使整个球场的变化自然流畅,利于剪草机械和其他管理机械运行。细造形工程和坪床建造工程结合实施,可以提高工作效率。

三、排灌系统安装

(一)灌溉系统

高尔夫球场的喷灌系统由水源工程、水泵和动力机、管道系统、控制部件、喷头及附属设备几部分组成。水源可以是河流、湖泊、水库、井泉等,但都必须修建相应的工程,如泵站及附属设施、水量调蓄池和沉淀池等。水泵类型包括离心泵、井泵,作用是给灌溉水加压,使喷头获得必要的工作压力。管道是喷灌系统的主要部件,用于高尔夫球场喷灌系统的管道种类很多,按材质可将喷灌管道分为金属管道和非金属管道。金属管道、石棉水泥管、硬塑料管可埋入地下作为固定管道。薄壁金属管重量轻、拆装移动方便,可用做移动管道。塑料软管通常用做移动管道。控制部件的作用是根据灌溉系统的要求来控制管道系统中水流的流量和压力,保证系统安全运行。自动控制系统由中央控制站、卫星站和遥控阀组成。手动控制部件包括阀门、逆止阀、给水栓、水锤消除器、安全阀、减压阀、空气阀等。喷头是喷灌系统的常用设备,形式多种多样,一般球场都采用多喷头组合喷灌。高尔夫球场的附属设备包括拦污设备、排气阀、调压阀、安全阀、减压阀、泄水阀等,不同地区根据球场的实际情况可以选择应用。

(二)排水系统

高尔夫球场排水系统可以分为果岭排水系统、发球台排水系统、球道排水系统、高草区排水系统和沙坑排水系统,各区域的排水系统相互连接,形成一个庞大的排水网络。排水工程有地表排水和地下排水。地表排水主要有造形排水、水沟排水、汇集排水和渗透排水;地下排水分为雨水排水系统(主要由雨水井、排水检查井、排水管道、出水口等组成)和渗水排水系统(铺设渗水管和挖渗水沟)。

四、高尔夫球场各功能区草坪建植

(一)发球台草坪的建植

发球台也称为发球区、开球区、球座等。发球台草坪的建植与养护管理,介于球盘和球道。发球台草坪的要求是平整,地和草都要平整。

1.草种及草种组合的选择

根据发球台的特点,草坪草采用较耐践踏,再生能力强,易于自我修复的草种。发球台剪草留茬13 mm 左右为佳,损伤的机会和程度均高。不同地区选择的草种也不同。热带、亚热带选狗牙根或杂交狗牙根居多(因受损后易于恢复);温寒地带以匍匐翦股颖及其为主的草种组合居多,剪草留茬≤13 mm,草坪质量高,但养护费用高;剪草留茬>13 mm,草坪质量欠优,但养护费用可以省些。过渡地带,多用耐寒的狗牙根品种,若要常绿,套种黑麦草、紫羊茅、普通早熟禾、早熟禾等。

2.草坪建植

建植草坪前首先要平整地面,地面平整度要求达到高度平整。发球台通常高于球道数十厘米,以便球员击球时前瞻目标。四周往往点缀若干树木,增加发球的趣味和改善景观,但切忌遮挡球盘。种植草坪的基质多选经过改良的自然土壤,也有用沙基的,沙层3～6 cm 为好。建植方式为种子或种茎直播。草坪排灌方式采取径流排水与渗透排水相结合的系统。径流排水的地表坡度,允许达到1‰～2‰。

(二)球道草坪的建植

在高尔夫球场中,球道一般占总面积的25%～30%甚至更多,所以是草坪中最大的建植与养护的部分。球道草坪的要求是地面平坦,不仅草坪表面而且草坪基质的表面均需平坦;既要建成并维持平坦的球道草坪,又要节省建植与管理投资。

1.草种或草种组合的选择

一般高尔夫球场球道的草的高度为13～19 mm,其击球质量最佳。在不比赛期间,球道草坪的修剪高度为13～32 mm。根据这一特点,草种或草种组合选择的范围较宽,在不同地区选择的草种不同。通常的选择有匍匐翦股颖或匍匐翦股颖为主与细弱翦股颖、欧翦股颖等组成的混合草坪,这类草坪耐低修剪,其不足是管理成本高。在热带、亚热带,狗牙根及其品种是最受欢迎的,可以保持13～19 mm 的修建高度,而且管理成本也不高。如果应用细叶结缕草或沟叶结缕草或两者的混合草坪也行,若留茬<25 mm,密度往往会下降,而且损坏后难以恢复。以草地早熟禾或草地早熟禾为主与普通早熟禾、加拿大早熟禾等组成的混合草坪,优点是管理费用较低,但是草坪留茬<25 mm,密度往往不够。在干旱与半干旱地区,有灌溉条件的球道,可选野牛草、隐花狼尾草、格兰马草等,但草坪密度总是略逊一些。在酸性土地区,选假俭草,但剪草留茬≤20 mm,密度也会下降。在过渡地带,则选用中华结缕草、结缕草或两者的混合草坪,若修建高度≤25 mm,密度会不够。综上所述,每个地区都有适合本地区生长的能用于球道的草坪草,在选择时应根据草坪草的生物学特性和养护要求综合起来选择。

2.草坪建植

球道草坪建植前要使地面达到高度平整,根据所选草种,多选种子直播或草茎撒播。

排灌方式可以较好地利用地形、地貌采用径流排水和渗透排水相结合的系统。要注意的是,径流排水的方向均朝着障碍区。当然,为节省投资,也有全用径流排水系统的。灌溉可以采用全自动或半自动的喷灌系统。

(三)球洞区草坪的建植与养护

球洞区草坪具有平整、光滑、稠密、匀一,一定弹性与韧性的击球表面和引人的景观特点。从草种或草种组合的选用,到建植养护管理方面,均不同于一般的高尔夫球场。

1. 草种或草种组合的选择

在热带、亚热带地区,最普遍的是杂交狗牙根品种"天堂328"和"天堂419";在寒、温带地区,选择匍匐翦股颖或以其为主与细弱翦股颖等混合的草种组合。在过渡地带,欧、美各国均用匍匐翦股颖或以其为主的混合翦股颖草坪。而在我国主要是杂交狗牙根、狗牙根、细叶结缕草与黑麦草、紫羊茅、早熟禾的套种常绿草坪,可以保证常年使用。必须要注意的是,草种或组合品种一定要能适应长期剪草高度为 3 ~ 6 mm 的低修剪。

2. 草坪建植

建立高标准的球盘草坪,一般采用美国高尔夫球协会(USGA)提出的"标准设计",即在自然土壤上,安置渗漏排水的暗沟系统多用 U – PVC 管;其上 10 cm 石砾层、5 cm 粗沙层(沙粒径 0.5 ~ 1.0 mm)、30 cm 中沙层(沙粒径 0.25 ~ 0.5 mm),中沙层顶部约 10 cm 内掺入泥炭或其他有机质;配置自动或半自动的喷灌系统。在质量上能较大地满足高尔夫球运动与管理者的需求,但是其造价昂贵,养护管理费用高。

用种子直播、种茎直播等草坪建植方法。播后用中沙覆盖,不宜再带入其他客土,尤其是黏重的客土。播种结束地面平整度一定要达到高级平整。

(四)障碍区草坪的建植与养护

障碍区也称粗糙区、粗放区、高草区。障碍区的目的在于增加击球难度。障碍区的面积可大可小,草坪栽培管理极其粗放。

1. 草种或草种组合的选择

常选用在当地能良好自然生长的草坪草,兼及配置特色景观,与地形、地貌相结合。

2. 建植草坪

一般建植在自然土壤上,根据地形、地貌设计,配置排水系统,增色添景。一般可以不设灌溉系统,而据所选草坪或草种组合,取相应方便、经济的形式。对地面平整度没有要求。

➤ 相关知识

一、高尔夫运动简介

现代高尔夫运动始于 15 世纪的苏格兰,已经历 500 多年的发展历史,一直吸引着上流社会贵族,成为一种绅士运动,但随着人类社会的文明进步与发展,人们在不断追求物质享受的同时,也更加注意精神文化娱乐方面的更新,高尔夫运动越来越受到人们的青睐,在景色宜人、绿草如茵的球场上,人们可以尽情享受大自然的气息和生机。所以说,高尔夫运动又是一项健身休闲运动。在我国,真正的现代高尔夫运动却是随着改革开放的进程,作为改善投资环境的措施而逐渐发展起来的。近 20 年来,我国的高尔夫运动在沿海地区及发达城市,如广东、福建、上海、江苏、北京等地发展很快,随着这项运动的普及,在全国大多数省市都建立了不同风格的高尔夫球场。国内的高尔夫运动员也在正规的国际国内赛场上频频亮相并获大奖,这也更促进了高尔夫运动的平民化,也带动了高尔夫草坪的建植与养护更加标准化、科学化。

二、高尔夫球场的组成

一个标准的高尔夫球场设 18 个洞,标准杆数为 72 杆。有的球场设 27 个洞或 9 个洞。运动员打 18 洞为一个循环,若仅有 9 个洞的小球场,运动员完成一局比赛需在场地打两圈。标准球场长 5 943.6 ~ 6 400.8 m。洞穴埋在地下,为直径 10.795 cm 左右、深 10.16 cm 的圆罐。高尔夫球为重 73.5 g 的实心塑胶球体,球杆的杆长约 1 m,由碳素或金属制成。

一个高尔夫球洞主要由四部分组成,即发球台、球道、果岭和障碍区。打每个洞都是从发球台开始,经过球道至球被击进果岭的球洞为止,然后再打下一个洞。球道一般长 137 ~ 492 m,宽 33 ~ 109 m。障碍区位于球道两侧,常由沙坑、树林、水体等组成,目的是增加比赛难度。障碍区在球场中还起到景观作用,增加了高尔夫球场的美观效果。

大多数高尔夫球场都建有练习场草坪,球员可以在这里练习击球,练习场一般建有独立会所,主要是为初学者提供练习的场所。练习场除设在正式球道附近外,也可单独设在都市中或交通便利的场所。

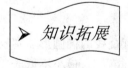

➢ 知识拓展

其他运动场草坪建植技术

一、网球场草坪

(一)草地网球场的场地规格

草地网球场呈长方形,分单打和双打两种。单打场地大小为 8.23 m × 23.77 m,双打场地大小为 10.97 m × 23.77 m。场地两边的长线称边线,两端的短线称端线(俗称底线)。球网将球场横隔成相等的两个区域。网高 0.9 m,球网两侧各有一条与端线平行的横线为发球线,两条发球线中点联结的线叫中线,中线把发球线与边线之间地面分成四个相等的发球区,自端线到发球区的长度为 5.49 m,球网悬挂在钢丝绳上。

(二)草地网球场的草种选择

网球场草坪要有一定的硬度以保持对球的弹性;高度要适中,草种生长点应低;要能耐高强度的践踏,再生能力要强;绿期要长,要适应当地气候、土壤,抗病虫害能力要强;要耐频繁的低修剪,弹性要好,受外力后能很快恢复原状;草坪草质地要良好,致密,外形要美观。

热带、亚热带潮湿地区单播时可选用的草种有细叶结缕草、杂交狗牙根、海滨雀稗;温暖潮湿地区单播时可选用的草种有结缕草、细叶结缕草、杂交狗牙根、匍匐翦股颖等,或海滨雀稗、杂交狗牙根交播一年生黑麦草、多年生黑麦草或粗茎早熟禾等;冷凉地区单播时可选用的草种有多年生黑麦草、紫羊茅、匍匐紫羊茅、匍匐翦股颖等,混播则可选用多年生黑麦草 + 紫羊茅、匍匐翦股颖 + 匍匐紫羊茅等组合。

(三)草地网球场草坪建植

草地网球是以有生命的草坪草作为铺垫面,具有外观美丽、弹力均匀、耐用性强等特点。

建植草坪前应把床面以下 60 cm 内的所有障碍物都清除掉并填平,避免水分供给不均;地表以下 20 cm 土层内的小岩石和瓦砾,要用耙子耙除。翻耕地面,并将表层 30 cm 的土壤均用孔径为 2 cm 的筛子过筛。对于南方的酸性土壤,主要是施入生石灰或碳酸钙粉;对于南方的红壤,需要掺入部分过筛细沙,主要目的是调节土壤的通透性,改善土壤的团粒结构。

草地网球场建植方法有种子直播法、营养体移栽法和植生带法。直播法根据其草种组成分单播和混播,混播组合因地因需而异。草地网球场草坪建植一般使用直播法和营养体移栽法,建植时要注意的是一定要使草坪坪面均一、平整。

二、赛马场草坪

(一)赛马场的场地规格

赛马场场地通常与田径场地一样,为长方形且两端半圆形或带有直线的椭圆形。赛马场跑道一周的长度在 1 000 ~ 1 600 m,最小不低于 800 m;宽在 20 m 以上,最小不低于 15 m。赛马场末端的圆弧尤为重要,一个设计良好的跑道,其直道末端的弯曲处应尽可能平缓,弯曲半径要尽可能大,这样,当马匹在弯道高速奔跑时,能够安全通过弯道,弯道通常有 5% 的坡度,以便平衡离心力,增加安全性。在设计直道时,通常有 2.5% 的坡降,在转弯处,坡降通常为 7.5%,这样在下雨时可以使水顺坡流下,形成自然排水系统。跑道外沿设有 120 cm 高的木栏杆,内沿设有 60 ~ 80 cm 高的木栏杆,内沿栏杆的支柱必须向跑道方向倾斜,与地面成 60°角,并在顶端安置活动横杆,以免碰撞发生危险。

(二)赛马场的草种选择

赛马场草坪草种可选用根系扩展能力强、密度大、草层厚、耐频繁坚硬马蹄践踏、弹性好、损伤后能很快恢复的矮生型品种。赛马场跑道周围较广阔的场所可采用质地较粗、适应性强、生长旺盛、管理省工及寿命较长的禾本科草类,如无芒雀麦、冰草、狗牙根、地毯草、结缕草和假俭草等。

冷凉地区多采用草地早熟禾与多年生黑麦草混播建植赛马场草坪,混播比例为草地早熟禾 40%~50%、多年生黑麦草 50%~60%,高比例的多年生黑麦草主要用于草地早熟禾赛马场的补播或急需草坪赛马场地时用;也可铺草地早熟禾草皮,用多年生黑麦草补播被损坏区。暖湿地区采用狗牙根和多年生黑麦草混播建植赛马场草坪。

(三)赛马场草坪建植

坪床应具有良好的团粒结构,原始土壤、石灰、肥料等混合均匀。在播种前施入混合的基肥,基肥应施入土壤表面下 25 cm 深处。建植前对赛马场草坪的坪床用杀虫剂和除草剂处理,必要时可以使用熏蒸剂熏蒸土壤或喷施触杀型除草剂。冷季型草坪草适宜在秋季播种,暖季型草坪草则在春末夏初播种最宜。常用的建植方法有营养繁殖法、喷播法。

三、棒球场草坪

(一)棒球场的场地规格

棒球场上设有 4 个垒位、若干个区域和一个挡球网(见图 3-2-1)。比赛场地多为平整过的泥地或草坪,呈直角扇形,直角两边是区分界内地区和界外地区的边线。两边线以内为界内地区,两边线以外为界外地区,界内和界外地区都是比赛有效地区。界内地区又分为内场和外场,内场是 27.43 m×27.43 m 的正方形,四角各设一个垒位,在同一水平面上。尖角上的垒位是本垒,设一五角形的橡皮板,并依逆时针方向分别为一垒、二垒和三垒,各设一个四方形的帆布垒包,中间设一木制或橡皮制的投手板。内场以外的地区为外场,以投手板前沿中心为圆心,以 64.30 m 为半径画一弧线,即为外场的边缘(本垒打线)。本垒后 7.62~9.14 m 处设一后挡网,看台或观众席设在此距离以外。

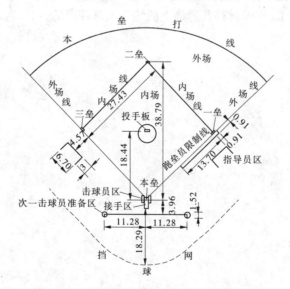

图 3-2-1　棒球场的场地规格　(单位:m)

(引自《运动场草坪》,韩烈保等,1999)

（二）棒球场的草种选择

我国北方冷凉湿润地区主要选择草地早熟禾、多年生黑麦草、高羊茅、匍匐翦股颖和扩展性稍弱的匍匐紫羊茅等品种来建植棒球场。

我国南方温暖湿润和温暖半潮湿地区,则以狗牙根和结缕草为主。在某些地方,也可以选用普通狗牙根、杂交狗牙根、地毯草、海滨雀稗、假俭草和钝叶草等。

（三）棒球场草坪建植

棒球场建植草坪时要根据场地的位置、面积的大小、地形地貌概况、有无停车场地、公共设施条件(灌水、电力、污水处理、排水等)、经济是否可行等,提前作出科学、合理的规划,做好场地准备、草种选配等方案设计,并根据《中国棒球联赛场地设施规范及标准》指导棒球场的建造。

棒球场场地应设在地面平整、四周比较开阔的地方。安装排灌系统,一般都建造成龟背形,从投手区的边缘到整个球场的边缘坡降为1%～2%,以利于地表排水。排水管道在地下的深度一般为60 cm,排水管周围常用砾石填充。棒球场草坪要更多地安装现代灌溉设备。棒球场灌溉系统可用固定式喷灌,沿着本垒、一垒、二垒、三垒的后方边界和防护栏周围安装喷头,以更方便地浇灌践踏严重的地方。建造的棒球场既要符合要求,又要与周围环境相协调。

建植前对坪床进行清理、整地、土壤改良、施肥、排灌设施的安置等。棒球场要求场地保持平整和一定的紧实度,但地表不能太硬,否则不利于运动员加速和停止。在建植前所施的基肥以磷肥为主。可通过施用杀虫剂、除草剂和熏蒸等方法来防治病虫害及杂草。

棒球场草坪的建植方法有种子繁殖和营养繁殖两种,近年来兴起的草坪植生带、液体喷播建植法和草皮(毯)建植法分别是这两种基本方法的分支。具体选用何种方法要根据成本、建坪时间要求、种植材料在遗传上的纯度及草坪草的生长特性而定。

学习情境四　绿地草坪的日常养护

任务一　草坪修剪

【参考学时】

6 学时

【知识目标】

- 认识修剪在绿地草坪养护中的重要作用。
- 了解修剪机械的类型及使用特点。
- 掌握草坪草耐修剪的原理及草坪修剪的 1/3 原则。

【能力目标】

- 能运用所学的基本知识完成草坪修剪任务，包括修剪时间、修剪高度、修剪机械的操作等。
- 能够对常用的草坪机械进行维护保养，能解决修剪中常遇到的一些机械故障。

➤ 实施过程

一、确定草坪修剪时间

一般来说，为了维持良好的草坪质量，在草坪草的整个生长季节都需要修剪。那么什么时候该修剪草坪？两次修剪之间该间隔多长时间？这是许多草坪管理者关心的问题。一般来说，冷季型草坪草有春秋两个生长高峰期，因此在两个高峰期应加强修剪，但为了使草坪有足够的营养物质越冬，在晚秋修剪应逐渐减少次数。在夏季冷季型草坪也有休眠现象，应根据情况减少修剪次数。暖季型草坪草由于只有夏季的生长高峰期，因此在夏季应多修剪。在生长正常的草坪中，供给的肥料多，就会促进草坪的生长，从而增加草坪的修剪次数。

二、确定草坪修剪方向

修剪方向即剪草机作业时运行的方向和路线，其显著地影响着草坪草枝叶的生长方向和草坪土壤受挤压的程度。因此,同一草坪,每次修剪应避免使用同一种方式,要防止多次在同一行列以同一方向重复修剪,以免草坪草趋于瘦弱和发生"纹理"现象(草叶趋向同一方向生长),使草坪生长不均衡。

三、设计草坪修剪图案

在一般绿地草坪中应用很少,在运动场草坪和观赏草坪修剪时可根据预定设计,运用间歇修剪技术而形成色泽深浅相间的图形,如彩条形、彩格形、同心圆形等。

四、确定草坪修剪高度

草坪修剪高度也称留茬高度,是指草坪修剪后立即测得的地上枝条的垂直高度。在1/3原则的基础上,修剪频率的确定决定于修剪高度。显然,修剪高度越低,修剪频率越高,修剪次数越多;相反,修剪高度越高,修剪频率越低,修剪次数越少。只有这样,才能符合1/3原则的要求。

修剪对于自然生长的草坪植物来说是一种损伤,但是,它们又会因很强的再生能力而得到恢复。如矮生百慕大在生长季节里,当草高4 cm时,若修剪到2 cm,大概3~4天后又可恢复原高度。因此,确定适宜的留茬高度,是正确运用修剪措施的关键。

草坪草修剪高度常受草坪草种及其品种、草坪质量要求、环境条件、草坪草发育阶段、草坪利用强度等多种因素的影响。其中,草坪质量要求和利用强度是两个重要的因素。虽然草坪都有其适宜的修剪高度,可还是应首先考虑草坪承受的创伤破坏力及草坪高频率利用时的美观和使用要求。

通常,当草坪草长到6 cm以上时,就应修剪。从理论上讲,就是草坪草的实际高度超出适宜留茬高度的1/3时,就必须修剪。例如,当草高已到6 cm,而要求的修剪高度是2 cm,那么,根据1/3原则,不能一次就剪掉4 cm,而是应先剪掉2 cm,再分几次修剪,逐步剪到2 cm,之后当草的高度超过修剪高度的1/3时就应进行修剪。

一般草坪草的适宜留茬高度为3~4 cm,部分遮阴地带、水土保持草坪、绿化草坪等,可适当留高一些,直立生长的也可留高一点,匍匐型的可低一点,如匍匐翦股颖可低到0.6~1.5 cm。常见草坪草耐修剪高度范围见表4-1-1。

如果在潮湿多雨季节或地下水位较高的地方,留茬宜高,以便加强蒸腾耗水;干旱少雨季节应低修剪,以节约用水和提高植物的抗旱性。当草坪草在某一时期处于逆境时,应提高修剪高度,如在夏季高温时期,对冷季型草坪提高修剪高度,有利于增强其耐热、抗旱性;而早春或晚秋的低温阶段,提高暖季型草坪的修剪高度,同样可以增强其抗寒性;对病虫害和践踏等损害较重的草坪,可延缓修剪或提高留茬;局部遮阴的草坪生长较弱,修剪高度提高有利于草坪复壮生长。

在草坪草休眠期和生长期开始之前,可剪得很低,并对草坪进行全面清理,以减少土表遮盖,达到提高土壤温度、降低病虫害等寄生物宿存侵染的机会,促进草坪快速返青和健康生长。

表 4-1-1　不同草坪草耐修剪的高度范围

草坪草种类	耐修剪高度(cm)	草坪草种类	耐修剪高度(cm)
匍匐翦股颖	0.6 ~ 1.3	扁穗冰草	3.8 ~ 7.6
细弱翦股颖	1.3 ~ 2.5	无芒雀麦	7.6 ~ 15.0
草地早熟禾	2.5 ~ 5.0	巴哈雀稗	2.5 ~ 5.0
粗茎早熟禾	3.8 ~ 5.0	普通狗牙根	1.3 ~ 3.8
加拿大早熟禾	6.0 ~ 10.1	杂交狗牙根	0.6 ~ 2.5
邱氏羊茅	2.5 ~ 6.5	假俭草	2.5 ~ 5.0
硬羊茅	2.5 ~ 6.5	钝叶草	3.8 ~ 7.6
紫羊茅	2.5 ~ 5.0	结缕草	1.3 ~ 5.0
高羊茅	3.8 ~ 7.6	格拉马草	5.0 ~ 6.4
细叶羊茅	3.8 ~ 6.4	野牛草	2.5 ~ 5.0
黑麦草	3.8 ~ 5.0	地毯草	2.5 ~ 5.0
沙生冰草	3.8 ~ 6.4		

五、选择草坪修剪机械

修剪机械的选择应以能快速、优质地完成剪草作业且费用适度为依据。目前,用于草坪修剪的机械种类很多,按作业时的行进动力有机动式和手推式之分,按工作方式可分为滚筒式和圆盘式两类。

滚筒式剪草机能将草坪修剪得十分干净整齐,只是价格较高,保养较严格。常用于网球场、高尔夫球场等运动场草坪。

圆盘式剪草机修剪质量稍差,但价格较低,保养也较简便,用于低保养草坪和大部分绿地。

六、不同剪草机的操作方法

(一)旋刀式剪草机操作

1.检查场地及机器

(1)剪草前,一定要先检查场地内是否有石头、砖块、树枝、电线、骨头等异物,如果有,务必要清理出场,否则它们可能被剪草机的刀片碰着后甩出,对操作者或被允许留在现场的其他人造成严重的人身伤害。

(2)启动剪草机之前,一定要先检查机油是否充足,机油油面不要超过"高位"标志;一般首次操作 2 小时后更换机油,以后每工作 25 小时要更换机油一次。检查汽油是否充足,如需加油,则在停车状态下、通风良好的地方进行,不能在草坪上加油,以防油料泄漏在草坪上危害草坪生长。切勿在汽油机运转时加注燃油！加注燃油必须等汽油机彻底冷却之后进行。

检查空气滤清器是否干净、刀片是否损坏，刀片不锋利时务必及时更换，否则影响修剪质量。检查螺栓是否锁紧、火花塞帽是否已装在火花塞上等。在剪草作业周围，应立警示牌，提醒行人注意避让。

2. 启动剪草机

(1)启动前，应根据草坪修剪的1/3原则调节剪草高度。

(2)剪草机启动的具体操作如下：首先，将化油器上的燃油阀门打开；再将节流杆(油门扳手)推至阻风门位置；然后，提起启动索，快速拉动。不要让启动索迅速缩回，而要用手送回，以免损坏启动索。启动后，要将节流器(油门)扳至"低速"，预热两三分钟，使发动机平稳运转。

3. 剪草

将离合器杆靠紧手柄方向扳动时，剪草机会自动前进；将油门扳到"高速"位置，即可剪草；剪草时必须保持直线行走，当然弧线修剪例外；松开离合器杆时，剪草机会停止。

若剪草机出现不正常震动或发生剪草机与异物撞击时，应立即停车。不小心跌倒时，要立即松开剪草机的扶手。重新调节剪草高度时须停止发动机。

剪草时，要将节流杆(油门)置于"高速"的位置，以发挥发动机的最佳性能。另外，剪草时，只许步走前进，不得跑步，不得退步。换挡杆有两种位置"快速"和"慢速"可使剪草机的刀片以两种旋转速度切割草坪，但是，行进间不能进行换挡！

剪草时一定要按照设计好的路线行走，如果行走时歪歪扭扭，会留下难看的纹路。此外，不要漏剪，也不要重复修剪。取集草袋时应等刀片完全停稳。

4. 关机

缓慢将节流杆推至"停止"位，再将化油器的燃油阀门关闭，即可关机。

5. 清洁机具

(1)剪草作业结束后，应用毛巾或刷子将剪草机里里外外清理干净，集草袋也务必清理干净，机身外壳也要擦干净。有风枪的单位，可用风枪对剪草机进行彻底清扫。比如底盆的刀片及刀片周围是容易被人忽视的地方，一定要清理干净，并将刀片等部位上油(轻机油或汽油机机油)保护。

(2)每季度至少一次用轻机油或汽油机机油润滑皮带轮子及轴承。排草挡板和后排草盖两边的扭力弹簧和转动点也应用轻机油进行润滑，防止生锈并保持安全装置挡板始终正常工作。每季度至少一次用轻机油对刀片控制横杆、刹车钢索和剪草高度调节杆的转动部位进行润滑。

(3)清理之前，首先一定要将火花塞帽取下来，以免误启动，伤害操作者。将剪草机置于地面，空气滤清器一面朝上，固定好剪草机后进行清扫作业。

(4)空气滤清器要拆下来清理，一般每工作100 h，应更换新的空气滤清器。工作满200 h要更换一次火花塞，机器每运转50 h要调整一次火花塞间隙(0.762 m)。

(5)剪草机一定要放在干燥、通风、阴凉处，以延长机器寿命。千万不能和腐蚀性的物品放在一起。

（二）滚刀式剪草机操作

1. 检查场地及机器

在作业前检查作业现场情况，清除作业现场的小石块以及坚硬的杂物、垃圾。小石块或者杂物被滚刀卷入后可能四处飞溅，使作业人员或者附近人员受伤。本作业不可在坡度超过10°的场地作业，作业前请确认作业现场的坡度。还需注意在作业时要穿合适的服装，不要过分宽大，以免被卷入机械，造成人员受伤。作业时穿戴手套、长靴，需戴安全帽，防止作业现场的树枝等障碍物打到头部。

2. 操作前的准备

首先要安装集草箱，使集草箱的金属穿销穿过前压辊的高度调节螺丝，从上往下插入，直到集草箱固定不动。

装卸轮胎前先放下停车架，方法是左手水平方向握住车把，右手扶住停车架手把，右脚踩住停车架踏板，向上拉起停车架把手。

装卸轮胎时先要竖起停车架，在前压辊前方插入石块或者木头作为止动器，保持机械稳定不动。一手扶住移动用轮胎，另一只手用大拇指压下飞轮内部的扣片，直到扣片不动为止，沿着与轮胎轴平行的方向，水平拔出轮胎，用同样的方法拆下另一只轮胎。拆卸完毕后，清除插入前压辊前方的制动器，平稳地打开停车架。

查看燃料是否充足，所用燃料为93号无铅汽油，第一次更换机油在作业后20小时，以后每100小时更换一次。

3. 启动发动机

启动发动机前务必装备集草箱，确认机械前方5 m、后方3 m内没有其他人员。把发动机开关转到【1】位置，顺时针转动燃料阀，打开燃料阀门。把风门转到右侧，关闭风门。加速开关置于中央位置，左手按住燃料箱，保持机身固定不动，右手握住启动器的把手，迅速拉出。启动后把反冲启动绳平稳放回。发动机启动后，慢慢打开空气阀直到空气阀完全打开。预热机械2~3 min。

4. 剪草操作

把加速开关调到中速位置，查看确认滚刀离合器拉杆处于打开的位置。左手牢固握紧左车把握柄，右手平稳拉起主离合器到启动位置。在适应了机械的行进速度的前提下，把加速开关调到高速位置。按照预先设定好的剪草路线进行剪草，需要注意的是不要漏剪，也不要重叠太多。停车时，向下推下主离合器拉杆到停止位置。

在剪草作业、机械行进时请遵守基本的作业姿势，以免发生翻车、滑倒等意外事故。基本姿势为行进时面朝行进方向，双手握紧车把，步行时双脚与肩同宽。视线和行进的方向保持一致，行进时双脚不要在一条直线上。

5. 关闭发动机

把加速开关调到低速位置。把发动机开关转到【0】位置。关闭燃料阀门。

6. 清洁机具

每次剪草作业结束，发动机已经冷却后都要进行清扫，尤其是堆积在发动机散热器翼片间的草屑，它们会使发动机过热导致火灾，无法清扫的污染物可部分用水清洗，洗净后要用布条完全擦干净。

相关知识

一、草坪修剪的作用

修剪，又称剪草、轧草或刈割，是指为了维护草坪的美观或者为了特定的目的使草坪保持一定高度而进行的定期剪除草坪多余枝条的工作。它是保证草坪质量的重要措施。

通常情况下，草坪应定期修剪。在草坪草能忍受的修剪范围内，草坪修剪得越短，草坪越显得均一、平整和美观。草坪若不修剪，长高的草坪草将干扰运动的进行，使草坪失去坪用功能，降低品质，进而失去其经济价值和观赏价值。

适当的修剪，可抑制草坪的生殖生长，从而获得平坦均一的草坪表面，促进草坪的分枝，利于匍匐枝的伸长，增大草坪的密度。据测定，一年未修剪的草坪，翌年返青时每 100 cm^2 有 8 片叶子，盖度仅有 10%；而经过 8 次修剪的则有 50 片叶，盖度达 80%。在一定范围内，修剪次数与枝叶密度成正比。草坪草的修剪一般都是短刈，即剪去枝叶的上半部分。修剪会去掉部分叶组织，对草坪草是一种伤害，但它们又会因很强的再生能力而得到恢复。

修剪会使叶片的宽度变窄，提高草坪的质地，使草坪更加美观。如在运动场经过定期修剪的高羊茅叶片只有 2～4 mm 宽，而在一般的绿化地不常修剪的高羊茅叶片可宽达 6 mm。

另外，定期修剪，还能抑制杂草的入侵，提高草坪的美观性及其利用效率。因为一般双子叶杂草的生长点都位于植株的顶部，通过修剪可以去除杂草的顶部生长点，使其经常处于受抑制状态，最终就会被消除。单子叶杂草的生长点虽剪不掉，但由于修剪后其叶面积减少，从而降低其竞争能力。多次修剪还可能防止杂草种子的形成，减少杂草的种源。

当然，修剪也有不利的一面。对草坪草而言，修剪毕竟是被强加的外力伤害。修剪改变了草坪草的生长习性，由于分蘖增多，使地上部分密度大大增加，减少了根和茎的生长。因为产生新茎叶组织需要营养，这就减少了供给根和根状茎生长的养分。同时，植物贮存营养的减少，也会对草坪草生长产生不利影响。修剪使草坪草叶片变窄，增加了叶子的多汁性，给虫害的发生造成了有利环境。另外，剪草往往会发生病害问题，这是因为剪去茎叶组织，留下切开的伤口，会大大增加病菌侵染的机会。

总之，修剪，尤其是不正确的修剪，如留茬太低、修剪次数太少、使用的刀片钝等，都会引起草坪质量的严重下降，为了减轻修剪对草坪草带来的不利影响，草坪应适当修剪并辅之以施肥、浇水、打药、覆沙等作业。

二、草坪修剪原理

据测定，矮生百慕大在生长季节里，草高 4 cm，修剪到 2 cm，经过 3～4 天的生长就可恢复；20 cm 高的野牛草修剪到 5 cm，两周后就可长回原来的高度；高尔夫球场果岭草修剪高度3～5 mm,从3月末至11月上旬要修剪100～130次,尽管进行的是低修剪,仍能保持美观的坪面。

从植物本身的生长规律来说,草坪草不是喜欢修剪,而是耐低修剪,世界上至少有1万种禾本科植物,不足50种能忍耐持续的修剪。修剪对单株草坪草在生理上和形态上以及草坪草群落生态都产生较大的影响。它可引起根系暂停生长,剪去草坪草具有光合作用的叶片,减少了草坪草碳水化合物的生产和积累,从而影响草坪草的其他功能。草坪为什么能经受如此频繁的修剪而迅速恢复生长呢?原因主要有三个:一是剪去上部叶片的老叶可以继续生长;二是未被伤害的幼叶尚能继续长大;三是基部的分蘖节(根颈)可产生新的枝条。由于根和留茬都具有储藏营养物质的功能,能保障草坪草再生对养分的需求,所以草坪是可以被频繁修剪的。

三、草坪修剪的频率

一定时期内草坪修剪的次数就叫修剪频率。连续两次修剪之间的间隔时间就是修剪周期。显然,修剪频率越高,则修剪周期越短,相应的修剪次数越多。

(一)修剪频率的影响因素

草坪的修剪频率应由草坪草的生长速度及草坪的用途来决定,而草坪草的生长速度取决于草坪草的生长时期、草坪草的种类及品种、草坪的养护管理水平以及环境条件等。

(1)草坪草的生长时期:一般来说,冷季型草坪草有春秋两个生长高峰期,因此在两个高峰期应加强修剪,可1周2次。但为了使草坪有足够的营养物质越冬,在晚秋,修剪次数应逐渐减少。在夏季,冷季型草坪也有休眠现象,也应根据情况减少修剪次数,一般2周1次即可满足修剪要求。暖季型草坪草一般在4～10月,每周都要修剪1次草坪,其他时候则2周1次。

(2)草坪草的种类及品种:不同类型和品种的草坪草其生长速度是不同的,修剪频率也自然不同。生长速度越快,修剪频率越高。在冷季型草坪草中,多年生黑麦草、高羊茅等生长量较大;暖季型草坪草中,狗牙根、结缕草等生长速度较快,修剪频率高,修剪次数多。

(3)草坪的用途:草坪的用途不同,草坪的养护管理精细程度也不同,修剪频率自然有差异。用于运动场和观赏的草坪,质量要求高,修剪高度低,需要大量施肥和灌溉,养护精细,生长速度比一般养护草坪要快,需经常修剪。如高尔夫球场的果岭,在生长季需每天修剪;而管理粗放的草坪则可以1月修剪1～2次,或根本不用修剪。

(二)修剪频率的确定依据

在草坪养护管理实践中,可根据草坪修剪的1/3原则来确定修剪时间和频率。1/3原则也是确定修剪时间和频率的唯一依据。

1/3原则是指每次修剪时,剪掉的部分不能超过草坪草茎叶自然高度(未修剪前的高度)的1/3(见图4-1-1)。当草坪草高度大于适宜修剪高度的1/2时,应遵照1/3原则进行修剪。不能伤害根颈,否则会因地上茎叶生长与地下根系生长不平衡而影响草坪草的正常生长。

图 4-1-1　草坪修剪的 1/3 原则示意图
（引自《草坪养护技术》,赵美琦等,2001）

如果一次修剪的量超过 1/3,由于大量的茎叶被剪去,势必引起养分的严重损失。叶面积的大量减少,导致草坪草光合能力的急剧下降,仅存的有效碳水化合物被用于新的嫩枝组织,大量的根系因没有足够的养分而粗化、浅化、减少,最终导致草坪的衰退。在草坪实践中,把草坪的这种极度去叶现象称为"脱皮",草坪严重"脱皮"后,将使草坪只留下褐色的残茬和裸露的地面。

频繁的修剪使剪除的顶部远不足 1/3 时,也会出现许多问题。诸如根系、茎叶的减少,养分储量的降低,真菌及病原体的入侵,不必要的管理费用的增加等。所以,每次修剪必须严格遵循 1/3 原则。

四、草坪剪草机

在草坪修剪机械问世之前,放牧牛羊也是保持草地平整的重要方法。在很长一段时间里修剪主要工具是镰刀(见图 4-1-2),随着高尔夫球、网球及足球等运动的兴起,人们拥有平整美观的草地做运动场地的要求越来越迫切。1805 年,英国人普拉克内特发明了第一台收割谷物并能切割杂草的机器,由人推动机器,通过齿轮传动带动旋刀割草,这就是旋刀割草机的雏形(见图 4-1-3)。1830 年,英国纺织工程师比尔·苗布丁取得了滚筒割草机的专利;1832 年,兰塞姆斯农机公司开始批量生产滚筒剪草机;1902 年,英国人伦敦恩斯制造了内燃机作动力的滚筒式剪草机,其原理至今还在使用。在西方发达国家,20世纪初期,剪草机就得到了快速的发展。近十几年随着环保、城建、园林、体育、旅游、度假、娱乐、水土保持等事业的发展,我国草坪业迅速崛起。在草坪机械中剪草机发展最快,由国外引进和国内企业生产的剪草机品种越来越多。目前,我国使用的剪草机主要从美国、日本引进。

(一)剪草机的分类及特点

草坪剪草机的类型根据动力装置可分为手推剪草机、电动剪草机、蓄电池驱动剪草机和汽油驱动剪草机等类型,其各自的使用特点见表 4-1-2;根据工作原理和剪草方式,剪草机可分为旋刀式(见图 4-1-4)、滚刀式(见图 4-1-5)和割灌式(见图 4-1-6)三种基本类型,其各自的使用特点见表 4-1-3。

图 4-1-2　早期草坪修剪大镰刀　　　　　图 4-1-3　早期的草坪修剪机

表 4-1-2　不同动力装置的剪草机及使用特点

剪草机类型	使用特点
手推式剪草机	刚开始的剪草机都是手推的。对面积很小的私家花园来讲,手推式剪草机没有噪声、不用买汽油、不会出差错,修剪质量好,保养方便。但如果草坪草生长茂盛,修剪起来会比较吃力
电动剪草机	在小面积的私家花园养护中,电动剪草机比汽油剪草机更受欢迎。因为它安静、轻便、便宜、效率高、易保养。但工作范围有限,修剪面积大时就要考虑汽油剪草机了
蓄电池剪草机	蓄电池剪草机曾经非常流行,它和电动式剪草机一样安静轻便,而没有电线的限制。尽管如此,蓄电池剪草机现在还是已经销声匿迹了
汽油剪草机	汽油剪草机比电动剪草机贵、重,但是它最大的好处是修剪时不用移动电线也不用担心剪到电线。此外,工作范围不受限制。目前国内市场上绝大多数都是汽油剪草机

(a)手推式旋刀剪草机　　　　　　　(b)自走式旋刀剪草机

图 4-1-4　旋刀式剪草机

(引自上海巴洛耐斯草坪机械有限公司网站)

(c)车式旋刀剪草机

(d)车式二连旋刀剪草机

(e车式三连旋刀剪草机

(f)车式五连旋刀剪草机

续图 4-1-4

(a)手推式滚刀剪草机

(b)小型自走式滚刀剪草机

(c)车式三连滚刀草坪机

(d)车式五连滚刀草坪机

图 4-1-5　滚刀式剪草机
（引自上海巴洛耐斯草坪机械有限公司网站）

图 4-1-6　割灌式剪草机

表 4-1-3　不同剪草方式的剪草机及使用特点

剪草机类型	使用特点
旋刀式剪草机	旋刀式剪草机的工作原理如同大镰刀剪草。刀片的转动轴垂直地面做旋转运动，高速水平旋转的刀片固定在刀盘上，刀片以锋利的刀刃依靠高速旋转的冲力把草割下来。刀片的数量可以是一片，也可以是几片。旋刀式剪草机除有轮子的外，还有气垫式的。后者更方便一些边角地区的修剪。但要特别注意操作安全，修剪质量不如滚刀式剪草机好，但价格低廉，保养维修方便，使用灵活。旋刀式剪草机是目前最流行的，常用于公园、庭园等大部分绿地及低养护水平的草坪
滚刀式剪草机	滚刀式剪草机的工作原理如同剪刀的剪切。其剪草装置由带刀片的滚筒（滚刀）和固定不动的定刀（底刀）两部分组成。滚刀驱动叶片靠向床刀，而后通过复合的刀片把叶片切断。滚刀的刀片数量和旋转速度决定了修剪的滚刀式剪草机精细程度，一般标准的滚刀为 5～6 片。为了获得更高的修剪质量，也有 8～12 片的滚刀式剪草机。3 个滚刀的剪草机也越来越流行。滚刀式剪草机修剪质量最高。修剪高度低，能满足低留茬修剪的需要，但价格昂贵，保养要求严格，维护费用高，滚刀式剪草机常用于高尔夫球场等高水平养护的草坪
割灌式剪草机	割灌式剪草机是割灌机附加功能的实现。其小刀片像折叶一样横向固定割灌式剪草机在竖轴上，当竖轴转动时，刀片靠离心力打开。割灌机常用在其他剪草机难以接近的地方，比如陡坡和边角地带等。割灌机修剪质量较差，修剪时务必注意安全

剪草机的选择要考虑多种因素，如草坪面积，修剪高度、修剪频率、修剪质量，草坪类型，草坪管理水平，剪草机维护能力以及经济实力等。总的选择原则是：在预算范围内，选择能完成修剪任务、达到修剪质量、经济实用的机型。

根据各类剪草机的特点可知，一般要求低修剪的精细草坪应选择滚刀式剪草机。普通草坪选用旋刀式剪草机,草坪面积很大时,可以考虑选择剪草车,以提高工作效率。但是,剪草车很贵,一些角落不好修剪。割灌式剪草机通常用在不好修剪的地方。

(二)自走式旋刀剪草机的构造

剪草机的结构形式多种多样,但基本构成部件基本相同。图4-1-7为自走式旋刀剪草机构造简图,主要由操纵机构(包括扶手、离合器、油门调节杆、换挡杆等)、行走机构、发动机、刀头总成(包括刀轴、刀盘、刀片等)、护罩、集草袋(或排草口)、高度调节机构、机架等部件组成。

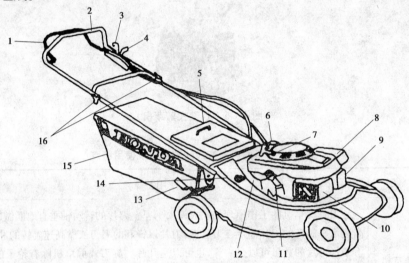

1—离合器杆;2—手柄;3—换挡杆;4—油门;5—排放护板;6—燃料入口;7—启动索;
8—空气滤清器;9—化油器;10—消声器;11—机油注入口;12—发动机号;
13—割草高度调节杆;14—机架号;15—集草袋;16—手柄锁紧螺栓

图4-1-7 自走式旋刀剪草机构造简图

(引自《草坪机械使用与维护手册》,陈传强,2002)

(三)对草坪剪草机械的要求

(1)剪草高度可根据要求调整,适应高度调整范围大,当草坪要求修剪很低时,能达到要求。

(2)剪草整齐、平整,同一行程前后剪草高度一致,两次作业行程衔接平滑,无接茬。

(3)对地形的适应能力强,仿形能力强,随地形变化前后剪草高度一致。

(4)剪草机对草坪碾压轻、伤害少。

(5)草屑收集干净,或被切割部分细碎性能好(草屑撒在草坪中当肥料时),以便于撒落在草坪下及时腐解。

(6)剪草机质量好,故障少,节省燃料、效率高。

(7)易于操作,轻便灵活,维修调试方便,零部件通用性和互换性好。

(四)选用剪草机的原则

剪草机在剪草方式、动力配套、剪草质量、作业效率和价格等方面有着较大的差别,选择先进实用、操作方便、能充分发挥效能的剪草机十分重要。购买剪草机主要应考虑以下几个因素。

(1)草坪规模和剪草频率。根据剪草机的工作效率,计算在规定的剪草时间周期内能完成的面积;根据种植草坪的面积计算所需要的剪草机种类或台数;根据草坪品种和对草坪管理要求确定剪草频率。综合考虑各种因素后,选用的剪草机可参考如下:面积小于4 000 m² 时可选用手推自走式剪草机,面积达 4 000～12 000 m² 时选用坐骑式剪草机,面积大于 12 000 m² 时选用拖拉机式剪草车。另外,再根据剪草机的功率考虑购买台数。总之,要尽可能地提高作业效率,提高剪草质量。

(2)草坪生长地域的情况和环境。草坪生长环境主要有坡度、平整度、几何形状、边界形态、草坪中障碍物情况等。若草坪种植在建筑物之间、种在树木之下等狭小空间,大型剪草机无用武之地,应选用小型灵活的剪草机或零回转半径的机械;草坪坡度大则应考虑剪草机坡度适应能力;平整度差的草坪应选择旋刀式剪草机,选择轮子大的剪草机;草坪边界有凸台、围沿时应选择易搬运、刀盘能起落的机械;沙地、松软地应选择充气宽轮胎剪草机。

(3)草坪的类型。根据草坪的类型、功能、生长特征,选择不同功能的作业机械。高尔夫球场、足球场等体育活动场所,对剪草质量要求较高,一般应选用高尔夫专业草坪机械,如滚刀式剪草机、梳草剪草机等;对庭园草坪和其他的设施草坪等类型,剪草要求不高,一般选用家用机械,如手推旋刀式剪草机。对以绿化为目的的普通绿化区、公路两侧等一般不需要经常修剪的狭小绿地草坪,要求质量很低,一般可选用割灌式剪草机。对杂草多、灌木混杂的草坪,修剪质量要求不高时,应选用甩刀式剪草机。有条件的专业公司应根据经营规模按比例配备全套草坪机械。

(4)经济水平。滚刀式剪草机剪草质量好,但价格昂贵,维护费用高;旋刀式剪草机剪草质量较差,但价格低,维护费用低,生产效率高;割灌式剪草机结构简单,价格低,但作业效率低。可根据购买者的经济水平选用。经济条件差者,应用最少的资金购买所需的必备功能的机械;经济条件宽裕者,在功能符合要求的前提下,主要应从性能价格比考虑选择对象,即用同样的资金购买可靠、耐用、操作舒适和造型美观大方的机械。

(5)剪草机的质量、品牌和经销商的维修服务能力。要购买技术先进、质量过硬的剪草机,剪草机某些故障需要专业人员解决,零部件一般不可被替代品代替,因此经销商必须有配件供应能力,要有良好的售后服务。

(五)剪草机的保养

剪草机保养良好能延长寿命、提高效率,一般应注意以下几方面:

(1)清洁剪草机。每次使用完毕,都要及时仔细清洁剪草机。首先,把剪草机推到一个平坦的地方,拔下火花塞。然后,把机身里里外外的泥土、杂物、碎草清除干净。具体部位包括火花塞、机壳、集草袋、刀片、滚筒、辊轴等。否则,这些东西干后,会粘在机器上,难以清除,并影响机器的正常功能。最后,用干毛巾把各个部位擦干(见图 4-1-8)。并用带油(轻机油或汽油机机油)的抹布抹一遍。另外,空气滤清器也需清洗,定期更换,否则会影响剪草机的启动。

(2)上油保护。安全手柄的连接部位、刹车部位,排草弯管的扭力弹簧,轮子的转轴芯和轮子内沿等部位都应上油保护(见图 4-1-9)。但是,最好按使用说明书正确操作,例如:大部分进口剪草机的差速器在工厂中进行了特殊的润滑处理和密封,不能拆卸,不要求用户对这一部件进行保养。

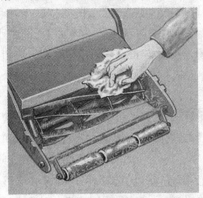

图 4-1-8　清洁剪草机

(引自《The Lawn Expert》,Dr. D. G. Hessayon,1996)

图 4-1-9　上保护油

(引自《The Lawn Expert》,Dr. D. G. Hessayon,1996)

（3）存放。若剪草机长期不用,除彻底清洗和润滑外,还要注意:将汽油机中的燃油全部放掉,以避免在化油器、油管和油箱中形成顽固的沉淀;要在干燥、清洁的环境中储存剪草机;电启动或者电动剪草机,要定期对电池进行充电;轮胎要适量放气(保留1/2),将草坪车垫平,使轮胎不承受压力。

 知识拓展

剪草机的故障排除

草坪剪草机长时间使用或不正确操作都会给机器造成损伤,草坪养护管理人员对剪草机的常见故障要熟悉,要会排除各种故障,保证各种作业的顺利进行。旋刀式剪草机的常见故障与排除方法见表4-1-4。

表 4-1-4　旋刀式剪草机的常见故障与排除方法

故障现象	故障原因	排除方法
汽油机不能启动	1. 安全手杆没有压下 2. 点火线没有插上 3. 风门手柄没有放在阻风或启动位置 4. 燃油箱油位很低,或者使用了伪劣汽油 5. 火花塞故障 6. 化油器呛油了	1. 压下安全手杆 2. 将点火线插入火花塞 3. 将风门手柄扳到相应位置 4. 向燃油箱加注新鲜干净的燃油 5. 清洁、检查火花塞间隙,或更换火花塞 6. 把火花塞拧出,晾干。放回火花塞,不要上紧,把风门扳到最小,拉动发动机。将火花塞旋紧,风门扳到最大,再次拉动发动机

续表 4-1-4

故障现象	故障原因	排除方法
汽油机熄火	1. 保险丝烧断 2. 汽油机风门未开或启动状态运行 3. 点火线松了 4. 燃油管路堵塞 5. 燃油箱盖的透气孔未开 6. 燃油不纯净 7. 空气滤清器不洁净 8. 化油器堵塞了 9. 汽油不足或燃尽	1. 查找电线是否短路、漏电,更换保险丝 2. 将风门推到最大 3. 将点火索牢牢固定在火花塞上 4. 清洗并重新加注清洁的燃油 5. 将透气孔打开 6. 将油箱清理干净,换上清新的汽油 7. 清洗或者更换空气滤清器 8. 进行必要的检测、清洗和调试 9. 加注新鲜干净的燃油
汽油机过快升温且温度过高	1. 汽油机机油太少 2. 空气循环受阻 3. 化油器未调校好	1. 向曲轴箱加注必要的润滑油 2. 拆开风机并清洗 3. 进行必要的检测和调试
汽油机怠速运转时熄火频繁	1. 火花塞积碳,间隙太大 2. 化油器没有调好 3. 空气滤清器脏了	1. 调校或更换火花塞 2. 进行必要的检测和调试 3. 进行清洗和更换
过度震颤	刀片松或变形失去了平衡	检查螺丝和连刀器的连接情况,对损坏部件或刀片进行维修、更换
剪草机喷不出草	1. 汽油机转速太低 2. 草太湿 3. 草太长	1. 把风门加大 2. 等草干一些再剪 3. 将刀盘高度进行调整
剪草质量不好	刀片太钝	对刀片打磨或更换

任务二　草坪施肥

【参考学时】

2 学时

【知识目标】

- 认识施肥对草坪草生长的重要性。
- 了解草坪合理施肥的决定因素。了解叶面施肥在草坪中的应用。
- 掌握常用的草坪肥料的种类及施用特点。

【技能目标】

- 能运用所学的基础知识,制订草坪的全年施肥方案。
- 能够熟练进行草坪施肥操作(人工施肥、机械施肥)。

➤ 实施过程

一、计算肥料用量

在所有肥料中,氮是首要考虑的营养元素。草坪氮肥用量不宜过大,否则会引起草坪徒长,增加修剪次数,并使草坪抵抗环境胁迫的能力降低。一般高养护水平的草坪每10 000 m² 年施氮量为 450 ~ 750 kg,低养护水平的草坪 10 000 m² 年施氮量为 60 kg 左右。草坪草的正常生长发育需要多种营养成分的均衡供给。磷、钾或其他营养元素不能代替氮,磷施肥量一般养护水平草坪每年 10 000 m² 为 45 ~ 150 kg,高养护水平草坪每年10 000 m² 为 90 ~ 180 kg,新建草坪每年 10 000 m² 可施 45 ~ 225 kg。对禾本科草坪草而言,一般氮、磷、钾比例宜为 4:3:2。

二、确定施肥时期

合理的施肥时间与许多因素相关联,例如草坪草生长的具体环境条件、草种类型以及以何种质量的草坪为目的等。

施肥的最佳时期应该是温度和湿度最适宜草坪草生长的季节。不过,具体施肥时期,随草种和管理水平不同而有差异。全年追肥一次的,暖季型草坪以春末开始返青时为好,冷季型草坪以夏末为宜。追肥两次的,暖季型草坪分别在春末和仲夏施用,以春末为主,第一次施肥可选用速效肥,但夏末秋初施肥要小心,以防止寒冷来临时草坪草受到冻害;冷季型草坪分别在仲春和夏末施用,以夏末为主,仲夏应少施肥或干脆不施,晚春施用速效肥应十分小心,这时速效氮肥虽促进草坪草快速生长,但有时会导致草坪抗性下降而不利于越夏。对管理水平高、需多次追肥的草坪,除春末(暖季型草坪)或夏末(冷季型草坪)的常规施肥外,其余各次的追肥时间应根据草情确定。

三、施肥方法

(一)颗粒撒施

草坪的肥料一般可分为基肥、种肥和追肥。基肥以有机肥为主,结合耕翻进行;种肥一般用质量高、无烧伤作用的肥料,要少而精;追肥主要为速效的无机肥料,要少施和勤施。

肥料施用方法大致有人工施肥(撒施、穴施和茎叶喷洒)、机械施肥和灌溉施肥三种方式。不论采用何种施肥方式,肥料的均匀分布是施肥作业的基本要求(见图4-2-1)。人工撒施是广泛使用的方法;液肥应采用喷施法施用;大面积草坪施肥,可采用专用施肥机具施用(见图4-2-2)。

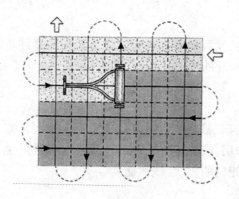

图4-2-1　草坪施肥路线示意图

图4-2-2　悬挂式施肥机

一些有机或无机的复混肥是常见的颗粒肥,可以用下落式或旋转式施肥机具进行撒施。在使用下落式施肥机时,料斗中的化肥颗粒可以通过基部一列小孔下落到草坪上,孔的大小可根据施用量的大小来调整。对于颗粒大小不均的肥料应用此机具较为理想,并能很好地控制用量。但由于机具的施肥宽度受限,因而工作效率较低。旋转式施肥机的操作是随着人员行走,肥料下落到料斗下面的小盘上。

通过离心力将肥料撒到半圆范围内。在控制好来回重复的范围时,此方式可以得到满意的效果,尤其对于大面积草坪,工作效率较高。但当施用颗粒不均的肥料时,较重和较轻的颗粒被甩出的距离远近不一致,将会影响施肥效果。

(二)叶面喷施

将可溶性好的一些肥料制成浓度较低的肥料溶液或将肥料与农药一起混施时,可采用叶面喷施的方法,这样既可节省肥料,又可提高效率。但溶解性差的肥料或缓释肥料则不宜采用。

(三)灌溉施肥

经过灌溉系统将肥料与灌溉水同时经过喷头喷施到草坪上。

四、施肥技术要点

（1）各种肥料平衡施用。为了确保草坪草所需养分的平衡供应，不论是冷季型草坪，还是暖季型草坪，在生长季节内要施 1~2 次复合肥。

（2）多使用缓效肥料。草坪施肥最好采用缓效肥料，如施用腐熟的有机肥或复合肥。

（3）在草坪草生长盛期适时施肥。冷季型草坪应避免在盛夏施肥，暖季型草坪宜在温暖的春、夏生长旺盛期，适时供肥。

（4）调节土壤 pH 值。大多数草坪土壤的酸碱度应保持在 pH 值 6.5 的范围内。一般每 3~5 年测 1 次土壤 pH 值，当 pH 值明显低于所需水平时，需在春季、秋末或冬季施石灰等进行调整。

> ▶ **相关知识**

施肥是培肥草坪土壤、满足草坪草正常生长发育需要和补充因修剪流失的草坪草养分的基本手段。因此，施肥对草坪草的生长和草坪的维护是必不可少的。

一、肥料种类

草坪草需要足量的氮、磷、钾肥料和钙、镁、硫、铁、钼等中、微量元素肥。这些营养元素对草坪草生长和草坪维持都有不可替代的作用，缺少其中任何一种，都会使植物的生长发育受到不同程度的影响，并在形态上表现出相应的症状（缺素症）。

（一）氮肥

氮肥是草坪管理中应用最多的肥料。氮肥施用量常根据草坪色泽、密度和草屑的积累量来定。色泽褪绿转黄且生长稀疏、长满杂草的草坪，生长缓慢、草屑量很少的草坪需要补氮。一般来说，每个生长季冷季型草坪草的需氮量为 20~30 g/m²，改良的草地早熟禾品种与坪用型多年生黑麦草需氮量较此值稍高，而高羊茅和细羊茅略低些。暖季型草坪草较冷季型草坪草的需氮范围要宽。改良狗牙根需氮量最高，通常为 20~40 g/m²，假俭草、地毯草平均需要 10~20 g/m²，结缕草和钝叶草居中。施肥时如选用的是速效氮肥，一般每次用量以不超过 5 g/m² 为宜，并且施肥后立即灌水。但如果选用缓效氮肥，一次用量则可高达 15 g/m²。草坪使用强度也会影响施氮量。低养护管理要求的草坪每年施肥量要低得多。

（二）磷肥、钾肥

在草坪施肥中，磷肥和钾肥的施用量常根据土壤测试来确定。磷肥的施用对于众多成熟草坪来说，每年施入 5 g/m² 即可满足需要。但是对于即将建植草坪的土壤来说，可根据土壤测试结果适当提高磷肥用量，以满足草坪草苗期根系生长发育的需要，以利于快速成坪。在一般情况下，推荐施肥中氮、钾之比经常选用 2:1 的比例，除非测试结果表明土壤富钾。为了增强草坪草抗性，有时甚至采用 1:1 的比例。春季（3~4 月）施用含氮高、含磷高、钾中等的复合肥，可采用 2:2:1 的比例，施用量为每平方米 3 g 纯氮，施后灌溉。灌溉量要小。7、8 月份应减少施肥量。如需要,可施用含氮低、含磷低、含钾中等的复合肥,可采用 1∶1∶2 的比例,施用量为每月每平方米不超过 0.5 g 纯氮,施后灌溉。秋季是一年中施肥量最多的季节,施肥能促进草坪恢复,施用量可为 4 月份的 2 倍。晚秋施肥可增加草坪绿期及提早返青。

(三)微量元素肥料

微量元素肥料在绿地草坪施肥时很少使用,缺乏时很少施用(除铁外),但在碱性、沙性或有机质含量高的土壤上易发生缺铁。草坪缺铁可以喷 3% $FeSO_4$ 溶液,每 1～2 周喷施一次。如滥用微量元素化肥即使用量不大也会引起毒害,因为施用过多会影响其他营养元素的吸收和活性的大小。通常,防止微量元素缺乏的较好方式是保持适宜的土壤 pH 值范围,合理掌握石灰、磷酸盐的施用量等。

其实,草坪草的必需营养元素以多种形式存在于肥料中。肥料的品种不同,其养分种类与含量、理化性状、适用对象及施用方法、施用量也不一致。如果施用不当,不仅造成浪费,而且可能引起肥害和土壤的劣变。因此,施用时应根据需要加以选择。

二、草坪合理施肥的决定因素

草坪的施肥没有一个统一的模式,受很多因素影响,必须根据各种因素的变化不断调整施肥方案。其中影响最大的主要是以下几方面。

(一)养分的供求状况

养分的供求状况主要是指草坪草对养分的需求和土壤可供给养分的状况,这是判断草坪草是否需要肥料和施用何种肥料的基础。养分的供求状况可以从植株诊断、组织测试、土壤测试三方面来判断,常将这三项或其中的两项结合起来应用。

植株诊断在氮肥的应用上是非常重要的技术,但是在应用中还必须了解有些特征并非总是由于养分缺乏所致,必须排除某些相关因素的可能性,如病虫害、土壤紧实或积水、盐害、温度、水分胁迫等,只有将这些因素排除之后,才可根据植株的表现症状来进行判断。

组织测试的优点在于可以直接测到草坪草实际吸收与转化的养分数量,尤其在衡量草坪草微量元素的营养状况时采用更多。

草坪草营养元素正常含量范围土壤测试在草坪管理者确定肥料的某些养分构成、元素间的适宜比例和肥料施用量时常起决定作用。磷、钾肥料的施用主要取决于土壤中的有效水平。

(二)草坪对养分的需求特性

各个草种对养分的需求存在一定的差异,施肥时必须考虑这个因素。紫羊茅对氮需求较低,高氮时密度和质量下降;结缕草在高肥力下表现更好,也能够耐低肥力;狗牙根尤其是一些改良品种,对氮需求量较高;假俭草、地毯草等生长量较低,肥力要求较低。

(三)具体的环境条件

当环境条件适宜草坪草快速生长时,要有充足的养分供应满足其生长需要。充足的氮、磷、钾供应对植株的抗旱、抗寒、抗胁迫十分必要,但在胁迫到来之前或胁迫期间,要控制肥料的施用或谨慎施用,当环境胁迫除去之后,应该保证一定的养分供应,以利于伤害后的草坪迅速恢复。夏季高温来临前冷季型草坪的氮肥施用要相当小心,夏季氮肥用量过高常伴随严重的草坪病害发生。

(四)草坪用途及维护强度

草坪的用途和维护强度决定了肥料的施用量及施用次数。高尔夫球场的果岭和发球台,是草坪质量要求最高的区域,其维护强度也是最高,要求施入的肥料全面、薄肥勤施;还有其他运动场草坪,由于使用强度大,应注意施肥,促进草坪草恢复。对于防护类型的草坪,其质量要求低,每年只需要施一次肥或根本不施肥。

(五)土壤的物理特性

土壤质地和结构直接影响肥料的施用与养分的保持。如颗粒粗的沙质土壤持肥能力差,易通过渗漏淋失。施肥时应该采用少量多次的方式或施用缓释肥料,以提高肥料的利用效率。

(六)草坪养护管理措施

草坪的养护管理措施包括草屑是否移出草坪、草坪灌溉量的大小,这些都对施肥有影响。有相关报道表明,高频修剪下来的草屑,如果移出草地,会使草坪养分的30%流失。其他相关的因素还有肥料对草坪叶片灼烧力大小、残效期的长短、颗粒特性是否易于撒施等。

➤ *知识拓展*

草坪叶面施肥技术

一、草坪叶面施肥的重要意义

(一)迅速补充养分

在草坪植物生长过程中,当根系活力衰退,吸肥能力下降,表现出某些营养元素缺乏症,或者由于土壤环境条件变化,使草坪植物根系吸收养分受阻,在这些情况下,草坪植物又需要迅速恢复生长,这时以根施方法补充养分不能达到目标要求,只有采取叶面喷施才能迅速补充营养,满足草坪植物生长发育的需要。另外,草坪植物在生长旺盛期,需肥量较大,而单纯进行土壤施肥,靠根部吸收一时不能满足生长要求,则需要配合叶面喷施补充养分。

(二)充分发挥肥效

某些肥料如磷、铁、锰、铜、锌肥等,如果采用根施,易被土壤固定,降低肥料利用率,而采用叶面喷施就不会受到土壤条件限制。

(三)便于施肥操作

在低施肥量情况下,采取根施或灌溉均不易操作,采用叶面喷施的方法,大量养分可以直接被草坪叶面吸收,不会造成叶片烧伤。叶面施肥通常与喷洒农药结合在一起进行,便捷省工。应用此方法,营养物质也可从叶面流至根系,增加根系吸肥量,大面积草坪施肥时可以采用此法。

(四)经济合算

各种微量元素是草坪植物生长发育过程中必不可少的营养物质,但施用量很少,例如钼肥,每亩($667\ m^2$)施用量仅 $10 \sim 15\ g$,如果采用根施方法,则难以施匀,只有采取叶面喷施,才能做到经济有效。根据试验研究测算,一般草坪植物在叶面喷施硼肥,硼的利用率是基施的 8.18 倍,从经济效益上看,叶面喷施比根施要划算得多。

二、草坪叶面施肥技术

草坪叶面施肥的效果往往受到多种因素的制约和影响。因此,要提高叶面施肥的效果,应采取科学的施肥方法和规范的操作技术。

(一)选择适宜的肥料品种

草坪肥料按其用途可分为基肥和追肥两大类,其中追肥可进一步分为土壤用肥和叶面用肥。要根据草坪植物生长发育及营养状况,选择适宜的叶面肥品种。在草坪植物生长初期,为促进其生长发育应选择调节型叶面肥,若草坪植物营养缺乏或生长后期根系吸收能力衰退,应选用营养型叶面肥。生产上常用于叶面喷施的化肥品种主要有尿素、磷酸二氢钾、过磷酸钙、硫酸钾及各种微量元素肥料,可视具体情况选择适当的肥料品种。

(二)喷施浓度要合适

在一定浓度范围内,养分进入叶片的速度和数量,随溶液浓度的增加而增加,但是,浓度过高容易发生肥害,尤其是对于微量元素肥料,草坪植物营养从缺乏到过量之间的临界范围很窄,更应严格控制。另外,含有生长调节剂的叶面肥,也应严格按照使用浓度要求进行喷施,以防调控不当造成药害。

(三)喷施时间要适宜

叶面施肥时叶片吸收养分的数量与溶液湿润叶片的时间长短有关,湿润时间越长,叶片吸收养分越多,效果越好。一般情况下,保持叶片湿润时间在 $30 \sim 60\ min$ 为宜。因此,叶面施肥最好在傍晚无风的天气进行;若喷后 3 h 遇雨,待晴天时需补喷 1 次,但浓度要适当降低。

(四)喷施次数不应过少,应有间隔

草坪植物叶面追肥浓度一般都较低,每次吸收量也很少,与草坪植物的需求量相比要低得多。因此,叶面施肥的次数一般不应少于 $2 \sim 3$ 次。至于在草坪植物体内移动性小或不移动养分(如铁、硼、钙、磷等),更应注意适当增加喷洒次数。在喷施含有调节剂的叶面肥时,应注意喷洒时间,用药间隔期应在 1 周以上,喷洒次数不宜过多,防止出现调控不当造成药害。

综上所述,叶面施肥确实是一种既经济又有效的施肥技术,特别是对草坪植物需要量较少。对微量元素来说,进行叶面喷施,操作方便,其效果更为显著。总之,草坪叶面施肥是作为强化草坪植物营养和防治草坪植物某些元素缺乏症的一种重要技术措施,同时也是提高肥料利用率的重要途径,是草坪业迅速发展的一项施肥新技术。

任务三　草坪浇水

【参考学时】

2 学时

【知识目标】

- 认识浇水在草坪日常养护中的重要性。
- 了解草坪草对水分的需求特点。
- 掌握草坪灌水的时机及草坪灌水的技术要点。

【技能目标】

- 能运用所学的基础知识,正确合理地给草坪浇水,满足草坪对水分的需求。

实施过程

一、灌水时间的确定

根据草坪和天气状况,应选择一天中最适宜的时间浇水。早晚浇水,蒸发量最小,而中午浇水,蒸发量大。黄昏或晚上浇水,草坪整夜都会处于潮湿状态,叶和茎湿润时间过长,病菌容易侵染草坪草,引起病害,并以较快的速度蔓延。所以,最佳的浇水时间应在早晨,除可以满足草坪一天需要的水分外,到晚上叶片已干,可防止病菌孳生。但在宽敞通风良好的地方,适宜傍晚浇水,如高尔夫球场、较大的公园等。

二、灌水量的确定

草坪每次灌水的总量取决于两次灌水期间草坪的耗水量。它受草种和品种、土壤类型、养护水平、降雨次数和降雨量,以及天气条件,如湿度和温度等多个因子的影响。

不同的草坪草种或品种,需水量是不同的,一般暖季型草坪草比冷季型草坪草耐旱性强,根系发达的草坪草较耐旱。

土壤质地对土壤水分的影响也很大。沙性土壤每次的灌水量宜少,黏重土壤则相反。保水性好的土壤,可每周 1 次,保水性差的土壤,可每周 3 次。低茬修剪或浅根草坪,每次灌水量宜少。

草坪草生长季节内,一般草坪的每次灌水量以湿润到 10 ~ 15 cm 深的土层为宜;冬灌则应增至 20 ~ 25 cm。

一般条件下,在草坪草生长季内的干旱期,为保持草坪鲜绿,大概每周需补充 3 ~ 4

cm 深的水；在炎热和严重干旱的条件下，旺盛生长的草坪每周约需补充 6 cm 或更多的水分。

通常不能每天灌水。如果土壤表面经常潮湿，根系会靠近表土生长。在两次灌溉之间，如果使上层几厘米的土壤干燥，可使根系向土壤深处生长，寻找水分。浅根性草坪草较弱，易遭受各种因素的伤害，受害后也不像深根性草坪草那样容易恢复。灌溉次数太多，也会引起较大的病害和杂草问题。

检查土壤充水的深度是确定实际灌水量的有效方法。当土壤湿润到 10～15 cm 深时（有时会更深些，以根层的深度为准），草坪草可获得充足的水分供给。在实践中，草坪管理人员可在已定的灌溉系统下，测定灌溉水渗入土壤额定深度所需时间，从而通过控制灌水时间的长短来控制灌水量。也可估计灌水量，如果管理者想浇 2.5 cm 的水，且草坪草生长在黏土上，土壤湿润的深度应在 12 cm 左右。

另外一种测定灌水量的方法是在一定的时间内，计量每一喷头的供水量。离喷头不同的距离至少应放置 4 个同样直径的容器，1 h 后，将所有容器的水倒在一个容器里，并量其深度，然后以厘米为单位，深度除以容器数，来确定灌溉量。例如，使用 5 个容器，收集的总水量是 6.35 cm，则灌溉量为每小时 1.27 cm。

由于黏土或坚实土壤及斜坡上水的渗透速度缓慢，很容易发生径流。为防止这种损失，喷头不宜长时间连续开动，而要通过几次开关，逐渐浇水。例如，灌适量需要 30 min，那么，对于渗透能力低的地区，可能要浇 3 个 10 min，每次间隔至少 1 h。草坪灌溉中需水量的大小，在很大程度上决定于草坪坪床土壤的性质。细质的黏土和粉沙土持水力大于沙土，水分易被保持在表层的根层内，而沙土中水分则易向下层移动。一般而言，土壤质地越粗，渗透力越强，使额定深度土壤充水湿润所需水量越少。但是，一个较粗质地的土壤在生长季节内，欲维持草坪草生长所消耗的总需水量是很大的。因为与细质土壤相比，粗质土壤具有大的孔隙，高的排水量和蒸发蒸腾量，使之比细质土壤失水更多。当土壤质地变粗时，每次灌水量应减少，但需要较多的灌水次数和较多的总水量才能满足草坪草的生长需要。

三、选择灌水机具与灌水方法

草坪灌水主要以地面灌溉和喷灌为主要方式。地面灌溉通常采用大水漫灌和胶管滴灌等方式，这种方法常因地形的限制而产生漏水、跑水和不均匀等弊病，水的浪费也大；喷灌不受地形限制，还具有灌水均匀、节省水量、便于管理、减少土壤板结、增加空气湿度等优点，是草坪灌溉最常采用、较为理想的方式（见图 4-3-1）。

图 4-3-1　草坪喷灌

四、灌水技术要点

（1）初建草坪苗期最理想的灌水方式是微喷灌。出苗前每天灌水 1～2 次，随苗出、苗壮逐渐减少灌水次数和增加灌水量。

（2）草坪灌水，任何时候都不要只浇湿表面，而要一次浇透。

（3）为减少病、虫危害，在高温季节应尽量减少灌水次数，并以下午实施为佳。

（4）灌水尽可能与施肥作业相结合。一般施肥后应及时浇水，以避免可能出现灼伤草坪的现象，但不要浇得太多，以免肥料淋失而造成肥料浪费。

（5）冬季严寒的地区一年中要做好两次灌水工作。一次是入冬前的封冻水。应在地表刚刚出现冻结时进行，灌水量要大，充分湿润土层，以漫灌为宜，灌水深度达到40～50 cm，但要防止"冰盖"的发生。另一次是返青水，开春土地开始解冻之前，草坪要萌发时浇返青水。

其实，在达到灌溉目的的前提下，可以利用相关技术措施（如增加修剪留茬高度、减少修剪次数、干旱季节少施氮肥、进行垂直修剪、草坪穿孔等），减少草坪灌水量，节约用水。

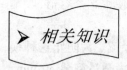

相关知识

一、草坪水分的循环

水分在草坪中是如何循环的？首先，草坪草水分的获得主要通过自然降水、人工灌溉及毛细管作用从土壤中获得水分；而草坪草水分的损耗大部分是地表蒸发、植物蒸腾损失到大气中，另一部分是土壤的大孔隙渗漏。

（一）草坪草对水分的吸收

水分通过降雨或灌溉进入土壤，草坪草通过根系从土壤中吸收水分，再经过输导组织向地上输送，满足生命活动的需要。通过蒸腾作用，草坪植物产生一种吸收水分的动力，使水分源源不断地被根系吸收，这一过程是一个被动的过程。另一种吸水的动力是根压，这是一个主动的过程，需要消耗能量，草坪草吸收水分的能力决定于其根系的活力和土壤中有效水含量。水分的吸收还与草坪草生长状况、土壤温度、土壤通气性等这些制约根系生长发育的因素有关。

另外，毛细管作用对土壤中水分的移动有很重要的意义。土壤中小孔隙内的水能够依靠毛细管作用向上输送到比较干燥的地方。当土壤表面变干后，由于毛细管水不断被输送到表面，保证了土壤表层的湿润。但是，水的毛细管移动是缓慢的，因此根系主要靠伸入含水量较大的地区，而不是靠毛细管长距离输送来吸收水分的。

（二）草坪耗水

草坪对水分的消耗主要是大气蒸散和土壤孔隙渗漏。蒸散是指单位面积草坪在单位时间内通过植物蒸腾和地表蒸发损失的水分总量。这是植物失水的主要部分。渗漏是水经过土壤向下移动。一般来讲，粗质地土壤的渗漏速度快，而细质地土壤渗透慢，例如在沙质和黏质土壤中水渗入相同深度需要的时间相差很大,前者需要 30 min,而后者需要 4 h。影响草坪耗水的因素有以下几个方面。

(1)草坪草种类。暖季型草坪草的蒸散一般低于冷季型草坪草,由于暖季型草坪草的光合系统效率高,它合成 1 g 干物质所用水只相当于冷季型草坪草的 1/3,在气孔关闭的逆境下,这一特征更显得重要。另外,不同草种和品种之间根系的发达程度不同,对水分的利用效率也不同,根系分布深,抗旱性就强;叶片的宽度与质地也对水分的消耗有影响,如细羊茅叶片细而卷曲,可有效降低蒸腾水分的损失。

(2)土壤类型。土壤类型是影响水分蒸散的另一重要因素,质地粗糙和沙质土壤的持水能力差,土壤接受的水分很快渗到土壤深处,不能被植物根系吸收利用。

(3)空气流通。风是影响水分损失的重要因素,叶片表面有一层相对静止的空气分子构成的界面层,它起到减少水分损失屏障的作用,有风会扰乱界面层,加快水分的散失,特别是在干燥温暖的条件下。

(4)空气温湿度。高温和干燥的空气加快水分的蒸发,使草坪植物消耗更多的水分,草坪植物可通过植物表面水分的蒸发吸热而降低高热和强光对植物组织的伤害,这一自我保护措施在极端高温和干燥条件下会丧失。因此,在草坪处于高温时常采用喷水增加空气的湿度、降低温度来保护草坪免受伤害。

(5)地上植被。草坪上是否有其他植被对水分蒸散也有影响,如果有冠层,会对水分的蒸散产生阻力。植被枝条的密度,叶片的朝向、宽度及生长速率都是影响草坪冠层水分损失的重要因素。

二、灌水时机

灌水的目的是补充草坪土壤水分的不足,以满足草坪草生长发育的需要。草坪何时需要灌水,生产中一般可用下列方法加以判断。

(一)植株观察法

当草坪草缺水时,首先出现膨压改变的症状,就是出现不同程度的萎蔫,进而叶片变为青绿色或灰绿色。借助房屋、树木等遮阴物,比较阳光下与遮阴中草坪草叶片的色泽。若两者亮度一致,或光下尤甚,表明不缺水;若光下较暗,则表明已缺水。植株观察法获得的缺水特征,只能说明草坪草生理上缺水,是土壤干旱所致,还是另有他因,尚需辅以目测土壤含水量,才能确切地加以判断。

(二)土壤含水量目测法

土壤颜色随含水量不同而有变化,湿润土壤一般呈灰至暗黑色(土壤含水量为30%);干旱土壤呈浅白色,无湿润感。用小刀或土钻分层取土观察,当土壤干至 10~15 cm 深时,就是"干旱",草坪就需灌水。

此外,草坪灌溉中还采用张力计测定、多种机械和电子设备辅助确定灌水时间。

测量土壤含水量:主要使用张力计来测量土壤的水势,确定土壤中草坪草可利用的水分含量。张力计下部是一个多孔的陶器杯,连接一段金属管,另一端是一个能指示出土壤持水张力的真空水压表。张力计中装满水,插入土壤中,当土壤干燥时,水从多孔杯里析出,张力计指示较高的水分张力(即土壤水势变低)。草坪管理者能根据测量的数据,决定灌溉的恰当时间。

也可用装有电极板的石膏块、尼龙和玻璃纤维块测量土壤中可利用水分含量。方法是通过测量这些材料电极之间的电阻,来决定可用水的百分数。多孔材料埋在土壤里,水向孔内或孔外移动,取决于土壤水分张力的大小。这些材料连接在水分计量器上,田间持水量的读数为100%,萎蔫点的读数为0。

测量草坪的耗水量:在光照充足的开阔地,可安置蒸发皿来粗略判断土壤中损失的水分。除大风天气外,蒸发皿的失水量大体等于充分灌溉的草坪因蒸发而失去的水量。草坪管理者可以找出蒸发皿损失的水量同草坪缺水所呈现征兆之间的相关性。通常,蒸发器皿内损失水深的75% ~85%相当于草坪的实际耗水量。

草坪灌水时间的确定,应尽量满足减少水分蒸发损失的要求,最好在天气凉爽的傍晚和早晨进行,以使蒸发量减到最小水平。不过,在草坪病害高发期,应避免在傍晚以后灌水。在高温干旱季节,草坪灌水的最佳时间是早晨;对不耐高温的冷季型草坪草,还可在中午时进行喷灌;在晚秋至早春季节,均以中午前后灌水为好。

三、草坪灌溉水的选择

(一)水源

草坪灌溉水源主要有地下水、静止地表水体(湖、水库和池塘)和流动地表水体(河流、溪水),正在变得重要的第四个水源是来自城市处理的污水。在地下水丰富的地方,可以打井为草坪提供一个独立的灌溉水源。井水中不含杂草种子、病原物和各类有机成分,水质一致,盐分含量稳定,是理想的水源。大河流是可靠的水源,但污染可能妨碍其利用。小河流和溪水能改造成小型水库而作为灌溉水源。小湖泊或池塘,是良好的灌溉水源。若地址设置得当,其储备水可由泉水、地面排水、降雨和自来水补充。应注意不使用静止水体,以防污染或藻类和水生杂草蔓延。

(二)水质

灌溉水的质量取决于溶解或悬浮在水中的物质类型及浓度。决定水质量的因素是盐浓度和钠及其他阳离子的相对浓度。总的盐分可通过水的电导率(EC)来确定。按EC值可将水分为四级:当$EC < 250$ μm hos/cm(1 ms/cm = 1 000 μm bos/cm)时为C1,表明盐分含量偏低;$EC = 250 \sim 750$ μm hos/cm时为C2,其在有适当量淋溶作用的条件下能被利用;$EC = 750 \sim 2 250$ μm hos/cm时为C3,这种水在限制排水的土壤及排水良好的土壤,但具有盐敏感性草种的草坪上避免利用;$EC > 2 250$ μm hos/cm为C4,这种水一般不适宜灌溉。土壤中钠离子含量高对草坪是有害的。灌溉水在碳酸氢盐离子(HCO_3^-)浓度高的条件下,钙和镁有沉淀的趋势,结果增加了土壤溶液中钠的吸收率。硼是一种重要的微量元素养分,但在灌溉水中浓度超出1%时,它将对草坪造成毒害。各类有机和无机颗粒可能悬浮在水流中,特别是流动的溪水、河水,应考虑过滤,以避免对灌溉系统的危害。

草坪浇水的质量要求

　　草坪浇水的质量要求,主要包括浇水的强度、均匀度、雾化度等方面。草坪喷灌强度是指单位时间内喷洒在草坪地面上的水深或喷洒在单位面积上的水量。一般要求水落在地面上能立即渗入土壤而不出现地面径流和积水。不同质地的土壤,允许喷灌强度有差别。如沙土每小时200 mm,壤沙土15 mm,沙壤土12 mm,壤土10 mm,黏土8 mm。喷灌草坪生长的好坏,主要取决于喷灌均匀度。经验表明,喷头射程之内,草坪草生长整齐美观;经常浇水少或浇不到水的地方,草坪草会出现黄褐色,有的甚至会枯萎死亡,影响草坪的整体外观。影响均匀度的因素除设计方面的原因外,还与喷头旋转的均匀性、工作压力的稳定性、地面坡度、风速风向等有关。为提高喷灌均匀度,除认真搞好设计,切实平整地面外,在喷灌时,最好在无风的清晨或傍晚进行,3级风以上时,要停止喷灌。喷灌雾化度是指喷灌水舌在空中雾化粉碎的程度。在建坪初期,如喷洒水滴太大,易损伤幼苗,所以在幼苗期喷灌,最好加盖作物秸秆(如麦秸)或细沙土等。

学习情境五　运动场草坪养护技术

　　运动场草坪是一类特殊草坪,要求高水平的精细管理。一旦建成,随之而来的就是日常和定期的养护管理工作。一个高质量的运动场草坪,必须由专人进行定期、精细的管理,否则,无论坪床质量多高,草种配方多么合理,最后也会因管理不当而导致草坪质量低下及过早退化。

　　相对于一般绿地草坪来说,运动场草坪的管理相对复杂,除日常的浇水、施肥、修剪外,草坪覆沙、梳草、草坪打孔、草坪滚压、受损草坪修补也是必不可少的工作。无论哪种运动场草坪都需要根据当地的环境条件制订出合理的养护方案。需要配备专业的养护人员,利用各种先进的养护机械完成。这里不详细介绍每类运动场草坪的养护方案,只介绍一下除浇水、施肥、修剪外的常用于运动场草坪的养护、修补方法。

任务一　运动场草坪养护

【参考学时】

　　2 学时

【知识目标】

- 认识覆沙、打孔、梳草等操作在运动场草坪维护中的作用。
- 了解覆沙、打孔、梳草、滚压的目的。
- 掌握草坪退化的原因及相应的更新复壮方法。

【能力目标】

- 能运用所学的草坪养护方法,制订出某一类运功场草坪的养护方案。

➤ *实施过程*

一、草坪覆沙

(一)选择覆沙机械

小面积覆沙可人工进行,用铁锹人工撒开,再用大扫帚扫平。大面积覆沙用覆沙机来完成。

覆沙机常分为大型和小型两种,大型覆沙机由拖拉机牵引,撒幅为 130～180 cm,载重量约为 2 600 kg;小型覆沙机撒幅为 100 cm,载重量约为 390 kg,撒土厚度由专设的手柄调节。

（二）确定覆沙的时间

覆沙在草坪草的萌芽期和生长季节进行。通常暖季型草坪在 4～6 月,冷季型草坪在 3～6 月和 10～11 月。冷季型草坪草在炎热的夏季很少覆沙。春季覆沙是为了草坪平整,秋冬季覆沙还有防寒作用。

（三）覆沙的方法与次数

覆沙就是用人工撒施或覆沙机将沙子均匀地撒于草坪上,再用托沙网来回拖动,使沙子更加均匀地散落在地表。覆沙的次数应根据草坪的利用目的和草坪草的生育特点来定,运动场草坪则一般 1 年 2～3 次或更多。施量以不超过 0.5 cm 为宜,为了控制枯草层,可加量到 1.5 cm。

（四）覆沙时注意事项

（1）枯草层也会造成分层,在覆沙前应先进行垂直修剪,去除枯草层。

（2）在很多时候,打孔后常进行覆沙作业,此时覆沙的量应与打孔带走的芯土的量相等。

（3）覆沙后常进行拖耙,将施入的沙耙入草坪中。秋季覆沙可不必进行拖耙,可与冬季喷施除草剂同时进行。在翌年春天第一次剪草时,沙即可被扫入草坪中。

二、草坪打孔

（一）选择打孔机械

打孔是用打孔机械在草坪上打出许多孔洞的一种中耕方式。打孔机可在草坪上打出深度、大小均匀一致的孔,孔的直径一般在 1～2.5 cm,孔距一般为 5 cm、11 cm、13 cm 和 15 cm。孔深随打孔机类型、土壤坚实度和土壤湿度的不同而不同,最深可达 8～11 cm。常用的打孔机械有垂直运动型打孔机和旋转型打孔机两种。

（1）垂直运动型打孔机:具有许多空心管,排列在轴上,工作时对草坪造成的伤害较小,深度较大。由于兼具水平运动和垂直运动,所以工作速度较慢。每 100 m² 草坪约需 10 min。调节打孔机的前进速度或空心管的垂直运动速度可改变孔距。这种机械常用于高尔夫球场果岭等低修剪的草坪上。

（2）旋转型打孔机:具有一圆形滚筒或卷轴,其上装有空心管或半开放式的小铲,通过滚筒或卷轴的滚动完成打孔作业。除去除部分芯土外,还具有松土的作用。孔距由滚筒上或卷轴上安装的小铲或空心管的数目和间距决定。同垂直运动型打孔机相比,孔深要浅一些,工作速度较快,效率较高,但对草坪表面的破坏性也较大。该种打孔机常用于使用频度高的草坪,如高尔夫球场的球道等。

（二）确定打孔时间

最佳打孔时间是草坪生长旺季,不受逆境胁迫时,冷季型草坪适合在夏末秋初,此时另一个生长高峰期到来,打孔后可使土壤环境更适应草坪生长,恢复得较快。暖季型草坪适合在春末夏初进行。

(三)打孔方法(以手扶自行式打孔机为例)

1. 检查场地及机器

打孔前,一定要先检查场地内是否有石头、砖块等硬物,如果有,务必要清理出场,以免对打孔机造成损坏。

启动打孔机之前,一定要先检查机油、汽油是否充足,空气滤清器是否干净,打孔锥是否干净,螺栓是否锁紧,火花塞帽是否已装在火花塞上等。

2. 启动打孔机

首先,打开燃油开关、电路开关,阻风阀视情况可全关、半关、全开(但启动后则必须把阻风阀放在全开位置);然后,适当加大油门,迅速拉动启动手把将汽油机启动。在此过程中要注意打孔机必须在手把拉起、孔锥脱离地面的状态下启动。不要让启动索迅速缩回,而要用手送回,以免损坏启动索。

3. 打孔

汽油机需在低转速下运转 2 ~ 3 分钟进行暖机。然后加大油门,使汽油机增速。慢慢放下打孔机手把,双手扶紧握手把,跟紧打孔机前进,即可进行草坪打孔作业。在操作打孔机的过程中,若打孔机行走速度太快,操作者跟不上时,可适当将油门关小,以保证操作者安全。不要重复打孔,也不要漏打。打孔时直线行走以保证打孔质量和工作效率。

4. 关机

工作完毕,先将打孔机操纵手把拉起,减小油门,让汽油机在低速状态下运转 2 ~ 3 分钟后,再将电路开关关上,汽油机即熄火,最后将燃油开关关上。

5. 清洁机具

打孔完后,要用毛巾或刷子将打孔机里里外外清理干净。空气滤清器要拆下来清理,一般每工作 40 小时,应更换新的空气滤清器。火花塞帽要从火花塞上取下来,以防止误启动。火花塞每运转 100 小时要从汽油机上取下并清洁。打孔锥里的土条要清理干净,否则干硬后不好清理。打孔机一定要放在干燥通风阴凉处,以延长机器寿命。

(四)注意事项

1. 配合进行覆土或覆沙

打孔后草坪根系和附近土壤会很快把孔填满,灌溉和践踏会加速这一过程,草坪打孔的好处会很快消失。所以,一般草坪打孔后配合进行覆土或覆沙,使打孔的效果更持久。

2. 配合拖耙或垂直修剪

打孔后不马上清除芯土,而是等芯土稍干燥后用垂直修剪机或通过拖耙来破碎芯土,使之重回草坪,其效果与铺沙相同,而且破碎的芯土其质地和组成与原草坪土壤相同,不会产生层次。没有进入孔洞中的碎土,在草层中与枯草层结合,形成有利于草坪草的土壤层。

3. 配合打药作业

打孔后及时喷施除草剂和杀虫剂,能很好地解决打孔后杂草、害虫易入侵的负面影响。

三、草坪梳草

(一)选择梳草机械

草坪生长一段时间后,一部分底部的草叶被其他草叶覆盖,不参加光合作用,时间一长会霉变腐烂,其中一部分变成有机肥,一部分会滋生霉菌,导致整个草坪枯萎,此时应进行梳草作业,所用机械为草坪梳草机(见图5-1-1、图5-1-2)。

图5-1-1 草坪梳草机

图5-1-2 梳草机切根刀片

(二)确定梳草时间

暖季型草坪草一般为春末夏初,冷季型草坪草一般为夏末秋初。

(三)梳草方法

1.检查场地及机器

梳草前,一定要先检查场地内是否有石头、砖块等硬物,如果有,务必要清理出场。

启动梳草机之前,一定要先检查机油、汽油是否充足,空气滤清器是否干净,刀片是否损坏,螺栓是否锁紧,火花塞帽是否已装在火花塞上等。

2.启动梳草机

首先,打开燃油开关、电路开关,阻风阀视情况可全关、半关、全开(但启动后必须把阻风阀放在全开位置)。适当加大油门,迅速拉动启动手把,将汽油机启动。梳草机必须在手把拉起、刀片脱离地面的状态下启动。不要让启动索迅速缩回,而要用手送回,以免损坏启动索。

3.梳草

梳草深度可根据需要调节多孔板位置来决定:前面第一孔为最深,越向后梳草深度越浅,一般放在第三孔位置。

汽油机在低转速下运转2~3 min进行暖机,之后,加大油门,使汽油机增速。然后,慢慢放下梳草机手把,适当用力推动梳草机,即可向前移动工作。梳草机自动向前移动,若速度过快可适当向后拉一下,以保证匀速前进。若梳草机出现不正常震动或发生梳草机与异物撞击时,应立即停车。重新调节梳草深度须停止发动机。梳草时,要将油门置于"高速"位置,以发挥发动机的最佳性能。此外,不要漏梳,也不要重复梳草。保持直线行走。

4.关机

工作完毕,先将梳草机拉起减小油门,让汽油机在低速状态下运转2~3 min后,再将电路开关关上,汽油机即熄火,最后将燃油开关关上。

5.清洁机具

梳草作业结束后,应用毛巾或刷子将梳草机里里外外清理干净,空气滤清器要拆下来清理,一般每工作40 h,应更换新的空气滤清器。火花塞帽要从火花塞上取下来,以防止误启动。火花塞每运转100 h要从汽油机上取下并清洁。刀片等部位需上油保护。梳草机一定要放在干燥通风阴凉处,以延长机器寿命。

(四)梳草时注意事项

(1)梳草作业时,无论用何种设备,都应该及时将清除物移出草坪,不能长时间在草坪上堆放,否则将对草坪造成危害。

(2)梳草作业后,应该及时给草坪补充水分,因为梳草时对草根草茎的切割、拉断会造成草坪草脱水,而且草坪枯草层清除后,通风条件得到改善,也使地表水分散失加快。

(3)进行梳草作业时,土壤与枯草层应该保持干燥,这样便于作业,严禁在土壤或枯草层太湿时作业,这样不仅作业困难,还易对草坪造成过度伤害,并引发病害。

(4)草坪梳草后,由于草坪密度的降低给杂草的生长提供了机会,因此在大面积草坪梳草时,最好能避开杂草易于萌生的时期。不能避开时,要特别注意杂草的萌生情况,及时通过喷洒选择性除草剂、修剪等措施清除,避免形成危害。

四、草坪滚压

(一)滚压的方法

滚压可用人力推动或机械牵引。手推辊轮重60～200 kg,机动辊轮重80～500 kg,机动辊为空心的铁轮,可充水,通过调节水量来调整重量。滚压的重量依滚压的次数和目的而定,如为了修整床面宜少次重压(200 kg),出苗后的首次滚压则宜轻(50～60 kg)。

(二)注意事项

(1)观赏草坪在春季至夏季滚压为好,有特殊用途的则在建坪后不久进行滚压,降霜期、早春修剪时期也可进行滚压。

(2)土壤黏重、水分过多、过于干燥时,应避免高强度的滚压,可在草坪草生长旺盛时进行。在有机质含量高的人工土壤上,滚压是最有效的方法,可以最大限度地改善表面平整度,有机土壤不易板结。

(3)对冷季型草坪草而言,滚压应在春、秋草坪生长旺盛的季节进行,而暖季型草坪草则宜在夏季进行。同修剪一样,应避免每次都在同一起点、按同一方向、同一路线进行滚压,否则会出现纹理现象。

(4)为减轻滚压的副作用,滚压应结合打孔通气、梳耙、施肥和覆沙等管理措施,改善表层土壤的紧实状况,使草坪草达到最好的生长状态。

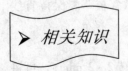

➤ *相关知识*

一、草坪覆沙的作用

草坪覆沙是将沙均匀施入草坪的过程,在草坪建植和管理中用途较为广泛。

（1）利于出苗。在草坪建植过程中，适量覆沙或细土可以覆盖和固定种子、种茎等繁殖材料，有利于出苗。

（2）控制枯草层。在建成草坪上定期覆沙并结合打孔可以改善土壤结构，控制枯草层，防止草坪草徒长，有利于草坪更新。

（3）平整坪床表面。草坪覆沙对凹凸不平的坪床可起到补低、拉平，使坪床平整的作用。

（4）保护草坪。入冬前草坪覆沙可以为草坪提供保护，延长绿色期。还可以将肥料和有机质混合在细沙或细土中施入草坪，促进草坪草生长，加深叶色。同时可以将农药混入，以杀灭地下害虫和土传病源物。

二、草坪打孔的作用

由于黏粒含量高的土壤容易板结，从而影响草坪草根系的正常生长，一般采用专用机具对草坪土壤进行划破、穿刺和打孔等维护。打孔的主要作用如下：

（1）改善土壤通气性。促进了气体交换，提高了土壤的通气性，有利于好气微生物的生长；减少了土壤中的有毒物质。

（2）改善土壤渗透性。提高了草坪土壤的渗透性、吸水性和透水性；刺激根系的生长，加速长期潮湿土壤的干燥。

（3）提高土壤的供肥性、保肥性。打孔施肥使得石灰和磷肥可以均匀地进入草坪土壤，而氮素则可以进入土壤深层，氮肥损失减少，肥效提高。

（4）加速枯草层的分解。打孔带出土条，使枯草层内有了土壤，加速枯草层和有机残体的分解，促进草坪草的生长发育。

（5）产生负面影响。打孔会破坏草坪表面的完整性，影响草坪的美观；易造成草坪草脱水干枯；增加杂草入侵的机会；提高地老虎和其他喜穴居孔内害虫的发生概率。

三、滚压的时间及作用

滚压是用压辊在草坪上边滚边压。通过滚压可改善草坪表面的平整度，适度滚压对草坪是有利的。但滚压也会带来土壤坚实等问题，因此要根据实际情况决定是否进行。

（1）坪床准备时进行滚压。对耕翻、平整后的坪床进行滚压，对坪床表面进行微调，可使坪床表面平整、结实。

（2）播种后进行滚压。滚压可使得种子与土壤紧密接触，出苗整齐。常应用带细棱的压轮，使得坪床表面产生细微的凹凸，在凹处形成一个湿润的小环境，有利于种子发芽。

（3）草皮铺设后进行滚压。滚压既可使坪面平整，又可使草皮根系与坪面接触良好，保证根系正常生长。

（4）生长季节滚压。生长季节滚压可抑制顶芽生长，增加草坪草分蘖、分枝，促进匍匐茎生长，使匍匐茎的上浮受到抑制，节间变短，增加草坪密度。使叶丛紧密而平整，抑制杂草入侵。可以抑制地上部的生长，促进根系发育，从而提高草坪抗逆性。

（5）春季解冻后进行滚压。由于冻融作用反复交替进行，植株会逐渐被拱起，草坪表面会产生起伏；修剪时，草层被整块揭起；同时由于根系裸露，植株的抗寒性降低。所有这些都会影响草坪质量,因此应进行滚压,把凸出的草坪压回原处,消除这些不良影响。

(6)运动场草坪比赛前后进行滚压。对运动场草坪进行滚压,可增加场地硬度,使场地平坦。通过不同走向滚压,使草坪草叶反光,形成各种形状的花纹,提高草坪的观赏效果。运动后进行滚压,可使运动过程中被拉出根的草坪草复位。

(7)草皮生产时进行滚压,以获得厚度均匀一致的高质量草皮。同时也可以减少草皮厚度,降低土壤损失,延长土地使用年限。还可以降低草皮重量减少运输费用。

(8)蚯蚓、鼹鼠、蚂蚁等驱赶、杀灭后进行滚压。蚯蚓、鼹鼠、蚂蚁等在土壤中的活动虽然可以疏松土壤,有利于草坪草生长,但也堆土于草坪上,既影响草坪的平整,也直接影响草坪质量。因此,除予以驱赶、杀灭外,还通过滚压来进行修复。

> *知识拓展*

草坪着色剂的应用

草坪着色就是用喷雾器或其他设备将草坪着色剂喷于草坪植物表面的过程。草坪着色剂是一种具有不同颜色的特殊染料,它可以使暖季休眠的草坪草或者冬季越冬的冷季草坪草变绿,或当草坪由于病害而褪色,或人们需要某种特殊颜色时,使草坪的颜色合乎人们的要求。根据着色剂的特性、施用量和施用次数的不同,可使草坪呈现出蓝绿色到鲜绿色的色彩变化。处理前的草坪色泽也会影响施用后的草坪颜色,处理得好,可使着色草坪像草坪真颜色一样。草坪着色剂在草坪干燥、气温 6 ℃以上喷洒最好,干燥后多数着色剂可以保持一个冬季。若下雨,宜在雨后进行,临雨前不宜喷洒,以免雨水冲刷而影响着色。喷洒时应尽量均匀,要求喷雾压力足、喷雾细,喷洒时应倒退行走,避免因践踏而形成足印。在每种着色剂使用前,应进行小面积试验,以确定最佳的施用量。染色时间根据用途而定。

任务二　运动场草坪修补

【参考学时】

2 学时

【知识目标】

- 认识草坪修补和更新复壮在草坪养护中的作用。
- 掌握草坪退化原因。

【技能目标】

- 能运用所学的知识分析草坪退化原因。
- 能够对破损草坪进行修补,对退化草坪进行更新复壮。

实施过程

一、损坏草坪的修补方法

当有草坪边缘受损、局部空秃、坪床凹凸不平等情况发生时,草坪修补工作就在所难免。建坪时草种选择不当,或土壤改良不到位,或后期养护管理不善,都容易导致草坪退化,出现上述现象。

(1)坪床凹凸不平时的修补。坪床凹凸不平时,可先将需修补的区域标记出来,用铲子把草皮块揭开,加土或取出多余的土壤,压实平整,再把草皮块铺回去,使其平整(见图5-2-1)。

(2)局部空秃后的修补。如图5-2-2所示,首先标出需要修补的草坪,用铲子铲除原有草皮,然后翻土、施肥、平整、滚压(紧实坪床)、铺草皮,最后灌溉、轻轻滚压,使草皮根系与土壤接触良好,之后加强水肥管理,几周后可恢复原有草坪景观。

(3)边缘受损后的修补。如图5-2-3所示,首先取出受损边缘的草皮块,注意切割边缘平直;然后把草皮块向前移,切除受损边缘;最后再把空隙用草皮块填补好,压实,使其平整。

二、退化草坪更新复壮

(一)养护复壮法

当草坪退化的主要原因是水肥不够、土壤板结、草坪密度过大,而形成絮状草皮时,一般先清除草坪上的枯草、杂物,再用打孔机打孔,施入适量的肥料,促使草坪快速生长,及时恢复。

(a) 切割草皮

(b) 翻开草皮

(c) 加入土壤

(d) 放回翻开的草皮

(e) 镇压

图 5-2-1　下陷草坪的修补

（引自《草坪建植与养护》，鲁朝辉，2009）

(二)补播复壮法

当退化草坪面积比较大或草坪已达到使用极限时,常采用重新种植或补播草坪草的办法。

(三)补铺复壮法

当遇到退化草坪面积较小或土壤难以改造的地块时,应采用铺设草块的方法来恢复。其方法如下:

(a) 去掉斑秃草皮块

(b) 松土施肥

(c) 镇压并重新放入大小相当的草坪块

(d) 平整草皮块

图 5-2-2　斑秃草坪的修补

(引自《草坪建植与养护》,鲁朝辉,2009)

(1)标出受害地段,并铲除受损草坪。

(2)挖松并回填土壤,施入肥料,尤其是过磷酸钙。平整并滚压坪床。

(3)选择草皮铺设,使其高出健康坪面 6 mm 左右,选用的草坪卷应与原有草坪草具有一致性,铺设间距以 1 cm 为宜。

(4)用富含有机质,保水、保肥能力强的土壤填入草坪间隙,选用堆肥、沙土各 50% 的混合物为宜。

(5)铺设后确保 2~3 周内草坪不干,通常 3 天后,草坪卷才能长出新根,故第一周内保持土壤湿润尤为重要。

(6)较大地块应适当进行镇压。

(a) 切下受损的草坪边缘部分　　　　　　(b) 利用直板切割草皮

(c) 根据切口大小，置入新草皮　　　　　　(d) 镇压

(e) 在结合处撒施少量土壤

图 5-2-3　边缘受损草坪的修补

（引自《草坪建植与养护》,鲁朝辉,2009）

一、草坪损害的原因

修补的草坪一般仅小面积受损,修补后效果立竿见影,常见的草坪损害的原因有:①工程质量等方面的原因导致草坪地形变形;②因员工操作失误,导致油料、肥料和农药对部分草坪造成伤害;③局部草坪遭到了动物或机械伤害;④草坪已被杂草严重入侵,拔除杂草导致局部出现斑秃;⑤恶劣气候及不可抗拒的原因(如暴雨冲击)造成部分草皮损害。以上这些问题出现在敏感区域时,必须尽快处理好,这时就需采取修补的方法。

二、引起草坪退化的原因

(一)自然因素

(1)草坪的使用年限已达到草坪草的生长极限,草坪进入衰退期。

(2)由于建筑物、高大乔木或致密灌木的遮阴,使草坪部分区域因得不到充足的阳光而难以正常生长。

(3)由于温度、湿度不适合造成病虫害侵入造成斑秃。

(4)土壤板结或草皮致密,致使草坪长势衰弱。

(二)人为因素

(1)践踏严重破坏草坪。运动场草坪使用过度,特别是某些区域,如发球区和球门附近,破坏草坪一致性。

(2)在逆境下使用草坪,对草坪造成伤害。

(三)建坪及管理因素

(1)盲目引种造成草坪草不能安全越夏、越冬,选用的草种习性与使用功能不一致,致使草坪生长不良,没有完全成坪或者成坪后退化快。

(2)坪床土壤不理想,不能给草坪草的生长发育提供良好的水、肥、气、热等土壤条件。长期的土壤状况不良是导致草坪退化的主要原因。

(3)坪床处理不规范(包括坡度过大、地面不平、精细不一)造成雨水冲刷、凹陷;造成局部草坪生长不良,出现块状、斑状坏死。

(4)播种不均匀,造成过密、稀疏或秃斑。过密的地方生长空间有限,导致土壤板结。稀疏的地方导致杂草滋生,影响草坪美观。

(5)不正确地使用除草剂、杀菌剂、灭虫剂,以及施肥、排灌、刈割管理措施不合理造成的伤害。

总之,造成草坪功能减弱或丧失的原因很多,但分析起来不外乎草坪草内在因素(如对旱涝、遮阴、刈割高度、践踏、病虫害等的忍耐性)和影响草坪正常生长的外界条件(如对草坪施行的各项管理措施)两方面共同作用的结果。

草坪更新复壮的四种方法

草坪草虽属多年生,但它的生命期限比较短促,我们应采取必要的技术措施,尽量延长草坪的生命年限。更新复壮是保证草坪持久不衰的一项重要的护理工作,可采取以下几种方法。

一、带状更新法

对具有匍匐茎分节生根的草,如野牛草、结缕草、狗牙根等,长到一定年限后,草根密集老化,蔓延能力退化,可每隔 50 cm 挖走 50 cm 宽的一条,增施泥炭土或堆肥泥土,重新垫平空条土地,过一两年就可长满,然后再挖走留下的 50 cm,这样循环往复,4 年就可全面更新一次。

二、断根更新法

(1)由于土壤板结,引起草坪退化,我们可以定期在建成的草坪上,用打孔机将草坪地面扎成许多洞孔。孔的深度约 10 cm,洞孔内施入肥料,促进新根生长。另外,也可用齿长为三四厘米的钉筒滚压,也能起到疏松土壤、切断老根的作用,然后在草坪上撒施肥土,促其萌发新芽,达到更新复壮的目的。

(2)针对一些枯草层较厚、土壤板结、草坪草稀密不均、生长期较长的地块,可采取旋耕断根栽培措施。方法是,用旋耕机普旋一遍,然后浇水施肥,既达到了切断老根的效果,又能使草坪草分生出许多新苗。

三、补植草皮

对于轻微的枯秃或局部杂草侵占,将杂草除掉后及时进行异地采苗补植。移植草皮前要修剪,补植后要踩实,使草皮与土壤结合紧密。

四、一次更新法

如草坪退化枯秃达 80% 以上,可用拖拉机翻后重栽。栽种后加强养护管理,翻种的草坪很快会复壮起来。

学习情境六　草坪病虫草害防治

任务一　防治草坪病害

【参考学时】

2 学时

【知识目标】

- 认识草坪常见病害的典型症状特点。
- 了解草坪病害的发生规律。
- 掌握草坪病害的识别和防治措施。

【技能目标】

- 能运用所掌握知识识别常见草坪病害,能够借助仪器诊断病原类型,并能选择合适的防治方法,制订合理的防治方案。

> 实施过程

一、草坪病害调查

(一)冷季型草坪草常见病害

1. 褐斑病

褐斑病的主要症状见图 6-1-1。褐斑病多发生在叶片、叶鞘和根部。叶片上病斑菱形或椭圆形,中央灰色呈水浸状,边缘红褐色。叶鞘上病斑菱形或长条形,褐色,初期病斑中央灰色水浸状,边缘红褐色,后期病斑变成黑褐色,在病鞘、茎基部还可看到由菌丝聚集形成的初为白色,以后变成红褐色或黑褐色的不规则形菌核,易脱落。严重时病斑可绕茎一周,病茎基部变褐色或枯黄色,病株分蘖多枯死。不同草品种病斑有差异,叶片上病斑有不规则形、长圆形、菱形等,边缘有褐色或黄色,内部白色或淡黄色。在潮湿条件下,叶片和叶鞘病变部位着生稀疏的褐色菌丝。病株根部和根茎部变黑褐色腐烂,出现白色菌丝。

发病植株连片时,感病草坪上出现形状不规则或略呈圆形的褐色枯草斑,有时直径可达 1 m,中央的病株比枯斑边缘病株恢复得快,致使枯草斑呈环状或蛙眼状。病斑最初通常为紫绿色,之后很快褪绿成浅褐色。空气湿度很大时,病斑会形成深灰色、紫色或黑色边界,宽度几厘米或可达5 cm,状似"烟圈",在修剪较高的多年生黑麦草、草地早熟禾、高羊茅草坪上,常常没有"烟圈"。"烟圈"由枯萎和新近感病的植株叶片组成,叶片间分布大量菌丝,这是褐斑病的典型特征。但随着叶片的干燥,该特征会很快消失。病害在修剪不同的草坪上表现的症状有差别,修剪留茬较低的感病草坪草初期呈水浸状,后期褪色成浅褐色。留茬较高的感病草坪草常形成大块褐黄色的病斑,与周围的健康草坪相比,感病草坪常呈凹陷状。若病株散生于草坪中,就无明显枯草斑。

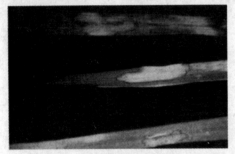

(a) 初期叶片边缘红褐色、病斑形状不规则

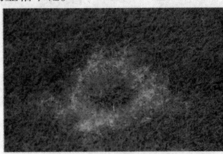

(b) 清晨出现的枯草圈

(c) 大小不等的近圆形枯草圈

(d) 后期草坪干枯、坏死、形成枯斑点

图 6-1-1 褐斑病的主要症状

2. 夏季斑枯病

斑枯病夏初常在草地早熟禾上表现症状,发病草坪最初出现环形的、生长较慢的、瘦弱的小斑块(见图6-1-2),以后草株褪绿变成枯黄色,或出现枯萎的圆形斑块,一般直径3~8 cm。斑块逐渐扩大,典型的斑块圆形,直径不超过40 cm,但最大时直径也可达到80 cm(见图6-1-3)。在持续高温天气下(白天高温达28~35 ℃,夜晚温度超过20 ℃)病叶颜色迅速从灰绿色变成枯黄色,多个枯草斑块愈合成片,形成大面积的不规则形枯草斑。受害草株根部、根冠部和根状茎呈黑褐色,后期维管束也变成褐色,外皮层腐烂,整株死亡。

3. 腐霉枯萎病

在夏日有露水的早上,受害叶片呈明显的水渍状,而后枯萎,枯萎斑不规则,多出现在近叶鞘处或叶尖部。草坪上最初出现直径数厘米至数十厘米的圆形黄褐色枯草圈而后迅速扩展,合并为较大的不规则枯草地块。湿度较高的清晨,草坪上可见到明显的棉絮状菌丝(见图6-1-4)。高温高湿条件下,腐霉菌侵染草坪草会导致根部、根茎部和茎叶变褐并腐烂。草坪上突然出现直径2~5 cm的不规则形黄褐色枯草斑(见图6-1-5)。修剪较低的草坪上枯草斑最初很小,但迅速扩大。剪草较高的草坪枯草斑较大,受害植株腐烂、倒伏,紧贴地面枯死,枯死秃斑呈10~15 cm不等的圆形或不规则形。干燥后病叶皱缩,色泽变浅,高温时有成团的绵毛状菌丝体生成。多数相邻的枯草斑可汇合,形成较大的不规则的死草区,这类死草区往往分布在草坪最低湿的区段。

图6-1-2 初期出现的小斑块

图6-1-3 后期出现的圆形斑块

图6-1-4 叶片上出现的白色菌丝体

图6-1-5 出现的不规则形枯草斑块

4.白粉病

染病初期叶表出现白色菌丝或小菌落。菌丝体和菌落会扩大合并,覆盖大部或整个叶表面。病原菌在叶表形成的菌丝体白色或灰白色。菌丝体上产生的分生孢子使菌丝体表面呈粉笔末状,看起来像喷了面粉。发病严重时叶片失绿变黄或棕色。染病植株变弱,如受其他因子胁迫病株有可能死亡。侵染严重时草坪会变得稀疏。发病程度高的草坪会成片呈白色。

5.镰刀菌枯萎病

染病初期出现淡绿色小的斑块,随后迅速变成枯黄色,在高温干旱的气候条件下,病草枯死变成枯黄色。枯草斑圆形或不规则形,直径2~30 cm,病区内几乎全部草株发生根部、冠部、根状茎和匍匐茎黑褐色的干腐,有时发生或出现叶斑或不出现叶斑。当湿度高时,病草的茎下部和冠部可出现白色至粉红色的菌丝体及大量的分生孢子团。在温暖潮湿的天气条件下,可造成大面积的草坪产生均匀的叶斑。3 年以上的草地早熟禾草坪被侵染后,枯草斑直径可达 1 m,呈条形、新月形、近圆形。枯草斑边缘多为红褐色。通常枯草斑中央为正常植株,受病害影响较少,四周为由已枯死的草株形成的环带,整个枯草斑呈"蛙眼状"。

(二)暖季型草坪草常见病害

1.锈病

发病初期在叶片的上下表皮出现泡状小点,逐渐在病叶、叶鞘上形成褐红色斑点(见图 6-1-6),随后病斑变大,扩展成圆形或长条形橙红色斑,椭圆或棒状小突起破裂后散布褐锈色菌粉即夏孢子堆。叶片从叶顶端开始变黄,然后向叶基发展,使草坪成片变成黄色(见图 6-1-7)。有时在发育后期会产生黑褐色冬孢子堆。严重时病斑连接成片或成层,使叶片变黄,干枯纵卷,造成茎叶死亡,草坪稀疏。发生在早熟禾叶上,发病后期黄色病斑转变为褐色斑,缩短了草坪的绿期。

图 6-1-6　叶片上出现的褐红色斑点　　　　图 6-1-7　叶片从叶顶向叶基变黄点

2.尾孢叶斑病

初期,病株叶片和叶鞘上出现褐色至紫褐色、椭圆形或不规则形病斑,病斑沿叶轴平行伸长,一般为 1 mm × 4 mm。后期病斑中央黄褐色或灰白色,潮湿时有灰白色霉层和大量分生孢子产生。严重时枯黄甚至死亡,使草坪变得稀疏。

3.蘑菇圈(仙人环病)

最初由病草围成一个小圆圈或出现一束担子果。蘑菇圈的直径每年都增大几厘米,有时可达 0.5 m。圆圈的外围草坪草长势奇好,形成一条宽 10 ~ 20 cm 的带,随着蘑菇圈病菌往圈外迅速生长,圈内老菌丝逐渐死亡。而随之出现内圈旺长的现象。在温暖湿润的天气下,特别是雨后,外围的圆圈上长出蘑菇。在有的蘑菇圈中,内层环带和外层环带的旺长同时出现,没有死草的环带。

4.春季坏死斑病

春季休眠的草坪草恢复生长后,草坪上出现环形的、漂白色的死草斑块。斑块直径几厘米至 1 m,3 年或更长时间内枯草斑往往在同一位置上重新出现并扩大。2 ~ 3 年之后,斑块中部草株存活,枯草斑块呈现蛙眼状环斑。多个斑块愈合在一起,使草坪总体上表现出不规则形的干枯症状(见图6-1-8)。狗牙根根部和匍匐茎严重腐烂。坏死斑块中补播的新草生长仍然十分缓慢。病株的匍匐茎和根部产生深褐色有隔膜的菌丝体与菌核,有时在死亡的组织上还可观察到病原菌的子囊果。

(a) 发病后圈内草坪出现旺长现象点

(b) 危害后期形成的枯死圈点

(c) 春季坏死斑病危害草坪症状点

(d) 春季坏死斑病大面积发生点

图 6-1-8　春季坏死斑病症状

二、防治草坪草病害

(一)冷季型草坪草病害防治

1. 褐斑病

褐斑病在高温高湿下发生。要避免傍晚浇水。

平衡施肥,要少施或不施氮肥。适量增施磷、钾肥,有利于控制病情。

及时修剪,但不要修剪过低,以增强草坪草的抗性。改善草坪下部的通风条件,适当进行打孔疏草。

早期防治,一定要在发病初期用药剂防治,才能有效地控制病害。选用代森锰锌、百菌清、甲基托布津等杀菌剂效果较好。北方地区防治褐斑病的第一次用药时间最好在5月初。可以采用药剂拌种、喷施叶片或灌根防治。

2. 夏季斑枯病

施肥时根据草坪草习性,控制氮肥的用量,增加有机肥的施用比例。重施秋肥,轻施春肥。施肥要少量勤施,平衡施肥。

灌溉时避免大水漫灌和串灌,减少灌溉次数,控制灌水量,保持地面良好的排水功能,使草坪既不干旱也不过湿。灌水时间最好在清晨或午后,避免在傍晚或夜间灌水。

选抗病草种混播。不同草种间抗病性的差异表现为:多年生黑麦草 > 高羊茅 > 匍匐前翦股颖 > 草地早熟禾。

在发病前期或初期,用灭霉灵、乙磷铝、杀毒矾、代森锰锌、甲基托布津等药剂拌种。土壤处理用代森锰锌、甲基托布津、乙磷铝、杀毒矾效果较好。

3. 腐霉枯萎病

适量灌溉,提倡采用喷灌。土壤湿度大和叶片上的水膜是腐霉枯萎病发生的必要条件。适量的灌溉使草坪草既不因缺水而干旱,也不因湿度过高而受病害的侵害。在温度适于病害发生的时候要注意不能在傍晚或夜间浇水。适宜的浇水时间是早上太阳出来后到中午之前。喷灌能较好地控制浇水量,是较适宜的灌溉方法。

土壤施肥尽量均衡,不能为草坪草颜色美观而过量施用氮肥。草坪氮肥施用过多时,容易使叶丛茂密,通气性差,抗病能力下降,促进病原菌的侵入。因此,对于冷季型草坪草不要在夏季施肥,提倡秋季、春季均衡施肥,增施磷、钾肥和有机肥。

在病害大量发生时,适当提高草坪修剪高度,可增强草坪草的抗性,并且要适当减少草坪修剪次数,尤其在高温潮湿当叶面有露水,特别看到已有明显菌丝时,不要修剪,最大限度地避免病原菌的传播。

可用代森锰锌、杀毒矾等对种子进行药剂拌种。药剂拌种是防治烂种与幼苗猝倒的简单、易行和有效的方法。

高温高湿季节来临前要及时使用杀菌剂控制病害。

对已建草坪上发生的腐霉病,防治效果较好的药剂有甲霜灵、乙磷铝、杀毒矾、代森锰锌等。为防止病害产生抗药性,使用药剂时应将触杀型的和内吸型的混合使用或者交替使用各种药剂。

4. 白粉病

选择抗病品种,遮阴处的草坪应播混合种,如匍匐羊茅和细叶羊茅在遮阴地的草坪中表现出较强的抗性;在管理过程中尽量避免遮阴,定期修剪以改善草坪的通风条件;避免过多施用氮肥,注意氮、磷、钾肥配合;注意改善排水状况,适时浇水,使草坪草健康生长,增强抗病能力;提高草坪修剪留茬。用氯苯嘧啶醇、粉锈宁、放线菌酮等化学药剂进行防治较为有效。

5. 镰刀菌枯萎病

种植抗病草种或品种。草种间的抗病性依次为翦股颖 > 草地早熟禾 > 羊茅,提倡草地早熟禾与羊茅、黑麦草等混播。

施肥时增施有机肥和磷、钾肥,控制氮肥用量。减少灌溉次数,控制灌水量以保证草坪既不干旱亦不过湿;及时清理枯草层,使其厚度不超过 2 cm。剪草高度不宜过低,一般保持在 5 ~ 8 cm。

在发生根茎腐烂症状始期,可施用多菌灵、甲基托布津、灭霉灵、杀毒矾等内吸杀菌剂防治。

(二)暖季型草坪草病害防治

1. 锈病

混合播种,选择抗病品种;适时浇水,晚秋施适量的磷钾肥;修剪草坪,避免夏孢子形成,降低病原菌数量;提高留茬高度;避免枯草层过厚;冬前最后一次修剪后,应将剪下的草屑清除,以减少越冬病原菌数量。可以通过喷洒硫酸锌、代森锰锌、放线菌酮等进行有效防治。

2. 尾孢叶斑病

选择抗病种类,浇水应在清晨,避免晚上浇水,深浇,尽量减少浇水次数。合理施肥,当病害造成显著危害时,应稍微增施点化肥。保证草坪周围空气流通。必要时用代森锰锌或多菌灵、甲基托布津进行喷雾防治。

3. 蘑菇圈(仙人环病)

挖除病原菌。用溴甲烷、氯化苦和甲醛等对土壤进行熏蒸,大面积发病时,可通过打孔后用杀菌剂灌根的方法防治。及时清除子实体,更换病土。

4. 春季坏死斑病

种植抗寒的狗牙根品种,或改种多年生黑麦草、高羊茅和草地早熟禾。保证充足的肥料和氮、磷、钾肥的合理施用,特别强调铵态氮与钾肥的混合施用。用恶霉灵或根腐灵浇土和拌土处理,并结合用戊唑醇、绿杀 5 号等药剂处理都可有效地控制病害。

三、草坪草发病规律调查

(一)冷季型草坪草发病规律调查

1. 褐斑病

当土壤温度高于 20 ℃,气温在 30 ℃左右时,病害开始发生。高温高湿是其发病的必要条件。褐斑病的流行性很强。早期只要有几片叶片或几株草受害,一旦条件适合,没有及时防治,病害就会很快扩展蔓延,造成大片禾草受害,特别是修剪很低的草坪。

菌核有很强的耐高低温能力,它萌发的温度范围很宽(8 ~ 40 ℃),最适温度为 28 ℃。但最适的侵染和发病适温为 21 ~ 32 ℃。当土壤温度升至 15 ~ 20 ℃时,菌核开始大量萌发并生长。但只有气温升至 30 ℃左右,夜间空气温度大于 20 ℃时,病原菌才会明显地侵染叶片和其他部位。

2. 夏季斑枯病

夏季斑枯病在高温而潮湿的年份和土壤排水不良、紧实的地方最易发病。春末土壤温度在 18 ~ 20 ℃时开始侵染。在炎热多雨的天气,或大量降雨或暴雨之后又遇高温的天气,病害开始显症并很快扩展蔓延,造成草坪出现大小不等的秃斑。夏季斑枯病还可通过剪草机械以及草皮的移植而传播。

3. 腐霉枯萎病

高温高湿是腐霉菌侵染的最适条件。白天最高温 30 ℃以上,夜间最低温大于 20 ℃,大气相对湿度高于 90%,且持续 14 小时以上,或者是有降雨的天气,腐霉枯萎病就可发生。在高氮肥下生长茂盛稠密的草坪最感病;碱性土壤比酸性土壤发病重。在北方地区,该病的主要危害期在 6 ~ 9 月的高温高湿季节。

4. 白粉病

白粉病菌不耐高温,病菌以子囊孢子在闭囊壳内越冬。子囊孢子在春天或夏初发芽并侵染草坪草。在 15 ~ 22 ℃可以生长,最适温度为 18 ℃,并且在弱光、高湿度、通风不良等条件下病菌不需自由水即可侵染寄主。大约在侵染 4 天后,产生大量的分生孢子可进行再侵染。在草坪整个生长期,只要条件适宜,均可进行再侵染。在庇荫处,此病在春、夏、秋季均可见。

5. 镰刀菌枯萎病

高温和土壤含水量过低或过高都有利于其发生,干旱后长期高温或枯草层温度过高时发病尤重。在春季或夏季过多施用氮肥、修剪高度过低、土壤枯草层太厚等都有利于镰刀菌的发生。pH 值高于 7.0 或低于 5.0 等也都有利于根腐和基腐的发生。

(二)暖季型草坪草发病规律调查

1. 锈病

病原菌在寄主植株内越冬。一般在 5 ~ 6 月开始造成初侵染,叶片出现色斑,发病缓慢。9 ~ 10 月发病严重,草叶枯黄。10 月初产生冬孢子堆。温度为 17 ~ 22 ℃,空气相对湿度 80% 以上时有利于侵染。光照不足、土壤板结、土质贫瘠、偏施氮肥的草坪上易发病。

2. 尾孢叶斑病

病菌在寄主上越冬。生长季节必须在叶面湿润状态下才能侵染发病。可随风雨传播。

3. 蘑菇圈(仙人环病)

春季和夏初,干旱贫瘠的土壤、高温高湿的环境、草垫层过厚的草坪易发病。

4. 春季坏死斑病

秋季和春季,当温度较低、土壤湿度较高时生长最活跃,10 ~ 20 ℃ 生长速度最快,适温为 15 ℃。从秋季至春季危害最严重。

相关知识

一、草坪病害的概念

草坪病害是指草坪草受到病原生物或不良环境的影响,发生一系列生理生化、组织结构和外部形态的变化,其正常的生理功能受阻,生长发育不良或整株死亡的现象。

病害不同于一般的机械损伤,它有一个病理变化的过程,机械损伤由于没有病理变化过程,不能称为病害。

二、草坪病害的症状

症状是指草坪草生病后所表现出的不正常状态。症状由病状和病征两部分组成。草坪草本身的不正常表现称为病状。常见的病害病状有变色、坏死、腐烂、萎蔫和畸形。草株发病部位病原物的表现称为病征。常见的病征类型有霉状物、粉状物、点(粒)状物、线(丝)状物、溢脓、伞状物等。草坪草生病后都一定会出现病状,但不一定有病征,非传染性病害和病毒病就只有病状而无病征,真菌和细菌病害往往有比较明显的病征。

三、草坪病害的类型

根据病原的不同,草坪草病害可分为两大类,即非侵染性病害和侵染性病害。非侵染性病害和侵染性病害常伴随发生。当草坪草处在不适宜的环境条件下时,生长不良,植株抗病性减弱,容易受到病原物的侵染,发生侵染性病害。侵染性病害的发生和加重,会导致草坪草的抗逆性降低,易发生非侵染性病害。

(一)非侵染性病害

非侵染性病害又称生理性病害,是由不良的环境条件引起的,主要包括营养、气候、土壤理化性质、空气污染以及药害和肥害等,该类病害只局限于受害植株本身,不具有传染性,常见症状为草坪草变色、坏死、畸形、萎蔫等。

(二)侵染性病害

侵染性病害又称传染性病害,是由病原物侵染草坪草引起的。这类病害可以在植株间传染蔓延,具有传染性,是草坪病害的主要类型。病状主要有变色、腐烂、畸形和萎蔫,病征主要有霉状物、粉状物、点状物、脓状物和伞状物等。

 知识拓展

杀菌剂的种类和正确施用

杀菌剂是指通过改变病菌的致病过程,或者调节植物代谢,诱导植物抗病力,来达到防治植物病害的化学药剂。杀菌剂种类繁多,差异很大,尤其对光照、温度、湿度反应敏感,不稳定,易分解,在贮藏和使用时应注意。

杀菌剂的类型按其作用原理和方式,可分为保护性杀菌剂、内吸性杀菌剂和治疗性杀菌剂3种类型。

(1)保护性杀菌剂。在植物体表或体外,直接与病原菌接触,抑制病原,保护植物免受其害,如波尔多液、石灰涂白剂等。

(2)内吸性杀菌剂。药剂施于植物体一部分(根部、叶部等),被植物吸收后传导到植物各处,发挥杀菌作用,如甲基托布津、多菌灵等。

(3)治疗性杀菌剂。当病原菌侵入植物体或已使植物体感病后,施用它能抑制病原菌继续发展或能杀灭病原菌的药剂,如百菌清、石硫合剂等。

任务二　防治草坪虫害

【参考学时】

2 学时

【知识目标】

- 认识草坪害虫及其危害。
- 了解草坪害虫的发生规律。
- 掌握草坪害虫的防治方法。

【技能目标】

- 能识别草坪害虫并能进行分类。
- 能够对发生的草坪害虫制定合理有效的防治措施。
- 熟练应用杀虫剂,能对症用药、适时用药和适量用药。

实施过程

一、草坪虫害调查

(一)小地老虎

小地老虎属鳞翅目,夜蛾科。又名地蚕、土蚕,是我国主要的地下害虫之一,分布于全国各地,尤其在北方各地为害十分严重。以幼虫咬食草坪草根、茎,常造成成片草坪死亡。

小地老虎幼虫如图 6-2-1 所示。成虫体长 16 ~ 23 mm,翅展 42 ~ 54 mm,全体灰褐色。前翅具有两对横纹,将翅分为 3 个部分,顶端为黄褐色,中间暗褐色,近中间有一肾状纹,纹外有一个尖端向外的楔形黑斑。后翅灰白色,腹部为灰色。

(二)蝼蛄

蝼蛄属直翅目,蝼蛄科。常见的有华北蝼蛄和非洲蝼蛄,华北蝼蛄分布于全国各地,但多发生在北方;非洲蝼蛄全国各地均有分布。为草坪的主要地下害虫之一,它以若虫、成虫咬食草坪草的根和嫩茎,把土壤表层钻成许多隧道,常使草坪草的根与土分离,造成局部草坪草死亡。

华北蝼蛄成虫体长 40 ~ 50 mm,茶褐色。翅短小,有尾须两根,前足扁平强壮,后足股节内缘有一根刺,前胸背中央有一个心脏形暗红色斑点(见图 6-2-2)。非洲蝼蛄成虫体长 29 ~ 31 mm,后足股节内缘有刺 3 ~ 4 根。

图 6-2-1　小地老虎幼虫

图 6-2-2　蝼蛄成虫

（三）蛴螬

蛴螬为金龟子的幼虫，属鞘翅目，金龟子科。在我国大部分地区均有发生。该虫种类繁多，食性很杂，为害以咬食草坪的根部、茎部为主，造成草坪草干枯死亡。

蛴螬体近圆筒形，常弯曲成"C"字形，乳白色，密被棕褐色细毛，尾部颜色较深，头橙黄色或黄褐色，有胸足 3 对，无腹足（见图 6-2-3）。

（四）金针虫

金针虫是叩头虫的幼虫，因幼虫身体坚硬细长，颜色为金黄或黄褐色，形状如埋在土中的金针而得名。金针虫属鞘翅目，叩头虫科。

图 6-2-3　蛴螬

分布在全国各地，尤以北方严重。幼虫主要以钻蛀为害，也咬食根茎，使幼苗受害逐渐枯死。金针虫成虫体长 16～17 mm，宽 4～5 mm，体扁平，深栗色。体被有金黄色细毛，呈浅褐色。头扁，前部有三角形凹陷，密布明显点刻。

二、草坪常见虫害的发生规律

（一）小地老虎

小地老虎在华北一年 3～4 代，长江流域 4 代，华南 5～6 代。以蛹或老熟幼虫在土中越冬，每年 4 月上旬至 5 月初成虫羽化。幼虫在 5 月中、下旬为害最重，具有昼伏夜出习性。一般土壤湿度大、杂草多时，为害就重。

（二）蝼蛄

蝼蛄以若虫和成虫在土中过冬，在华北 3 月底至 4 月初开始活动为害，4 月中下旬是为害盛期。以幼苗发芽生长初期为害最重，成虫昼伏夜出，有一定趋光性。

（三）蛴螬

蛴螬以成虫或幼虫越冬。一般 4 月下旬开始为害，6～7 月为害最重。成虫趋光性弱，活动范围小。

（四）金针虫

金针虫以成虫和幼虫在土壤中越冬，在华北 3 月中下旬开始活动，4 月初是为害高峰期。幼虫喜欢生活在温度和湿度适宜的土里。

三、草坪常见虫害的防治方法

（一）小地老虎

（1）可用黑光灯诱蛾，亦可用糖醋液（糖 6 份、白酒 1 份、水 10 份、敌杀死等菊酯类农药 0.02 份）诱杀；将新鲜蔬菜、杂草拌药作毒饵诱杀。

（2）药物防治，用 50% 辛硫磷乳油 2 000 倍液，或 25% 亚胺硫磷可湿性粉剂 250 倍液在小地老虎幼虫开始扩散为害前集中灌药于苗圃地边。

（二）蝼蛄

（1）用灯光诱杀成虫。

（2）撒毒土或毒饵防治，每平方米用 5% 辛硫磷颗粒剂 0.5 ~ 5 g，拌和 30 倍细土，均匀撒在苗床上，翻入土中；发现为害时，用 100 份新鲜杂草喷上 5 份 90% 敌百虫原药，于傍晚分点堆放在苗间进行毒杀。

（三）蛴螬

（1）诱杀防治。可用黑光灯诱杀成虫。还可取长 20 ~ 30 cm 的榆、杨、刺槐等的树枝，浸入 40% 氧化乐果乳油 30 倍液中，傍晚时插入草坪诱杀成虫。

（2）化学防治。可喷洒敌百虫、二嗪农、毒死蜱、50% 辛硫磷乳油 1 000 ~ 1 500 倍液、40% 乐果或氧化乐果乳剂 800 倍液，随后淋水让药液渗入土中毒杀蛴螬。或每 667 m² 用 3% 呋喃丹 3.5 ~ 5.5 kg、3% 甲基异硫磷颗粒剂 5 ~ 7 kg，与细沙混合均匀，撒施入草坪中，而后用水浇透毒杀蛴螬。

（四）金针虫

播种草坪时可药剂拌种，亦可用药液灌根。如果在生长期每平方米有虫 40 头以上时，则可以使用甲基异柳磷乳油 1 000 ~ 1 500 倍药液浇灌。也可用药剂处理土壤。用 3% 呋喃丹颗粒或 5% 辛硫磷颗粒剂直接施入土中根际，与覆土拌匀，薄覆一层。此虫有春季暴食习性，所以要加强春季的防治。

➤ 相关知识

一、草坪害虫的分类

有些昆虫危害草坪草后，引起与病害特征相似的被害状，对虫体显而易见者称虫害，不易见者，习惯上称病害。当然，生活在草坪中的大多数昆虫都是无害的。因此，我们应在对昆虫的鉴别和对其生活习性全面了解的基础上，采用化学药物防治、加强草坪的日常管理工作和生物防治等手段来控制有害的昆虫，保护有益的昆虫。

草坪害虫在草坪上主要是采食草坪草，传播疾病，给植物带来危害。草坪害虫主要是通过咀嚼和刺吸来采食草坪草。它们直接吞食草坪草的组织和汁液,从而减少或抑制草坪草的正常生长。

依据害虫对草坪草的危害部位,可以把草坪害虫分为危害草坪草根部及根茎部的地下害虫和危害草坪草地上部分的茎、叶、芽等的地上害虫。二者都直接以草坪草的植物组织为食,为害草坪。还有一些种类并不直接以草坪草为食,它们在土中钻洞筑巢、堆土、开隧道使草坪受到损害,如蚂蚁、蚯蚓等。

为了保证草坪优质、健康,就必须对有关害虫进行有效的识别和控制,实行"预防为主,综合防治"的植保方针,争取"早预防、早防治、少污染",有效地杀灭害虫,保护草坪和人类生存的绿色环境。当然,良好地控制与预防虫害取决于对害虫尤其是有害昆虫的鉴别和对其生活习性的了解。

二、草坪虫害防治的基本原则和方法

(一)草坪常见虫害的防治原则

草坪虫害防治的基本原则是"以综合治理为核心,实现对草坪虫害的可持续控制"。草坪虫害防治的基本方法有植物检疫、栽培措施防治、生物防治、化学防治等。

(二)草坪常见虫害的主要防治方法

1. 加强植物检疫

植物检疫是由检疫部门对国外或国内地区间引进或输出的种子、种苗等进行检疫,防止危险性病、虫、杂草种子输入,是从源头上进行预防的方法。

2. 栽培措施防治

栽培措施防治方法是在全面认识和掌握害虫、草坪植物与环境条件三者之间相互关系的基础上,运用各种栽培管理措施,压低害虫种群数量,增强草坪的抗虫抗逆能力,创造有利于草坪生长发育而不利于害虫发生的环境条件。与常规的草坪管理措施结合,具有简便、易行、经济、安全的特点,但有时速度较慢。而诱杀和人工捕捉害虫是一种速度较快的有效的防治方法,利用害虫对光、温度和化学物质等的趋向性来防治害虫,如用黑灯光诱杀某些夜蛾和金龟子,用糖醋液诱杀地老虎和用高温或低温杀灭种子携带的害虫等。

3. 生物防治

生物防治是应用有益生物及其产物防治害虫的方法。如保护和释放天敌昆虫,利用昆虫激素和性信息素,利用病原微生物及其产物防治害虫,以及用植物杀虫物质防治害虫等。生物防治的优点是不污染环境,对人、畜安全,能收到较长期的防治效果。用"生物农药"防治害虫的工作,目前已取得显著效果。

4. 化学防治

化学防治是用化学药剂防治害虫的方法。该法具有高效、快速、经济和使用方便等优点,是目前防治害虫的主要方法。尤其在害虫发生的紧急时刻,往往是唯一有效的灭杀措施。但其突出的缺点是容易杀伤天敌、污染环境、使害虫产生抗药性和引起人畜中毒等。因此,要选用对环境安全、对人畜无毒无害或低毒、低残留的药剂品种,并尽量限制和减少化学农药的用量及使用范围。

化学防治时必须做到对症下药,找准防治对象选择合适药剂防治;适时用药,在害虫低龄期用药,可达到高效、省药的目的,而高龄期应用效果差,对夜出昼伏习性的害虫,傍晚时要比早上施药效果好;准确掌握用药浓度和用量;采取恰当的施药方法,在水源充足的平地,可用大容量喷雾法,在缺水的旱地,则用低容量或超低容量喷雾法或喷粉法;科学混用农药,扩大防治范围;交替用药,力求兼治。

➤ *知识拓展*

杀虫剂的施用

杀虫剂是农药中品种比较多的一类,它们的作用和性质各不相同,使用时只有很好地了解每一种杀虫剂的特性、用途和防治对象,才能充分发挥其高效作用。一般同属于杀虫剂的一些农药品种,有时可以互相换用,但必须仔细阅读说明书或参考资料。

杀虫剂按其作用方式和原理可分为胃毒剂、触杀剂、熏蒸剂和内吸剂4大类。

(1)胃毒剂。杀虫剂经过害虫口腔进入虫体,被消化吸收后中毒死亡。这种作用称胃毒作用,有这种作用的杀虫剂称胃毒剂。

(2)触杀剂。杀虫剂与虫体接触后,经过虫体体壁渗透到体内,引起中毒死亡,这种作用称触杀作用,有这种作用的杀虫剂称触杀剂。

(3)熏蒸剂。药剂在常温下挥发成气体,经过虫的气孔进入体内,引起中毒死亡。这种作用称熏蒸作用,有这种作用的杀虫剂称熏蒸剂。

(4)内吸剂。杀虫剂能被植物的根、茎、叶或种子吸收并传导至其他部位,当害虫咬食植物或吸食植物汁液时,引起中毒死亡。这种作用称内吸作用,有这种作用的农药称内吸剂。

任务三 防治草坪草害

【参考学时】

2 学时

【知识目标】

- 认识常见的草坪杂草。
- 了解草坪杂草的生长习性和所需气候条件。
- 掌握几种常用除草剂的作用方式和应用。

【技能目标】

- 能够熟练识别杂草种类并能运用除草剂进行适时的杂草防除。

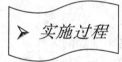 实施过程

一、草坪杂草识别调查

草坪杂草种类繁多,有一年生、二年生和多年生杂草。了解和认识杂草的种类,是防除杂草的基础。

(一)一年生杂草

1. 马唐

马唐遍布全国各地,尤以北方最为普遍。草坪上常常发生。

马唐为一年生禾本科杂草,无毛。叶片粗糙,条状披针形,浅绿或苹果绿色,基部圆形,总状花序。春末和夏季萌发,春天土温变暖后,在整个生长期都可以发芽。种子繁殖,在草坪中竞争力很强,有扩展生长的习性,使草坪草的覆盖面积变小。

2. 虎尾草

虎尾草遍布全国各地。多生于草原、荒野、沙地、田边、路旁和草坪等处。

虎尾草为一年生禾本科杂草,春末和夏季萌发,种子繁殖。秆高 20 ~ 60 cm,上部叶鞘常膨大,叶舌具纤毛。穗状花序 4 ~ 10 枚,羽状,簇生于茎顶成刷帚状。小穗排列在穗轴的一侧,长 3 ~ 4 cm。内颖有短芒,外稃顶端以下生芒,具 3 脉,两边脉生长柔毛。

3. 一年生早熟禾

一年生早熟禾为一年生禾本科杂草,在潮湿遮阴的土壤中生长良好。枝条疏丛型或匍匐茎型,株体高度不超过 20 cm,在北方较凉爽的草坪中能形成绿色稠密株丛,开花早结实快,死亡后留下枯黄斑块。

4. 牻牛儿苗

牻牛儿苗分布于东北、华北、西北及长江流域。生长于山坡、沙质草地、河岸、沙丘、田间、路旁等处。

牻牛儿苗为一年生杂草。春季萌发,种子繁殖。根直立,单一细长,侧生须根少。茎平卧或斜生,通常多株簇生。叶长卵形或矩圆状三角形,二回羽状全裂,叶片 5~9 对,最终裂片条形。花蓝紫色。

5. 扁蓄

扁蓄分布于全国各地,以东北、华北最为普遍。是一年生草本,春季萌发。长主根,抗干旱。在板结土壤上生长良好。种子繁殖,幼苗时有细长、暗绿色叶片,生长后期叶小,淡绿色。茎平卧或直立,多分枝,叶互生,长椭圆形;深绿色,托叶鞘膜质。花腋生,1~5 朵簇生,花被绿色,边缘淡红色或白色。瘦果黑褐色。

6. 藜

藜又叫灰菜。分布于全国各地。为一年生草本,春季萌发。种子繁殖。耐盐碱、耐寒、抗旱。茎光滑,直立,粗壮有棱,带绿色或紫红色条纹,多分枝,叶互生,叶形多种,幼时被白粉。花小,绿色,无花瓣,顶生或腋生,排列成圆锥状花序。胞果扁圆形。种子横生,黑色。

7. 马齿苋

马齿苋分布于全国各地。由于有贮藏湿气的能力,所以能在常热和干燥的天气里茂盛生长,在温暖、潮湿、肥沃土壤上生长良好,在新建草坪上竞争力很强。为一年生肉质草本,春季萌发。平卧或斜生,全体光滑无毛,有须根系,茎常略显紫红色,能形成直径较大的草垫。叶互生或对生,厚而肉质,倒卵形,叶上所覆盖的蜡质使得用除草剂也很难有效防治马齿苋。花小,黄色,花瓣 5 片。蒴果,圆锥形。种子扁,肾状卵形,黑色,能在土壤中休眠许多年。

8. 田旋花

田旋花分布于东北、西北、华北、西南、华东等地区,是农业生产中的一种严重的杂草。为一年生草本,春季萌发。种子及匍匐根繁殖。有非常广、深、多分枝的根系,植株无毛,根状茎横走,茎蔓生或缠绕,具条纹和棱角。叶互生,箭头形,但形状和大小有变化。花腋生,花冠漏斗形,蒴果卵圆形。种子三棱状,卵圆形,黑褐色。

9. 地锦

地锦为一年生杂草。茎细,红色,多叉状分枝,匍匐状,全草有白汁。叶通常对生,无柄或稍具短柄。叶片卵形或长卵形,全缘或微具细齿,叶背紫色,下具小托叶。杯状聚伞花序,单生于枝腋或叶腋,花淡紫色。

10. 繁缕草

繁缕草为一年生杂草,匍匐茎一侧具绒毛,肉质多汁而脆,折断中空,向外扩展生长能力强。叶对生,淡绿色,上部叶无柄,下部叶有柄;叶片卵圆形或卵形,先端急尖或短尖,基部近截形或浅心形,全缘或呈波状,两面均光滑无毛。花为白色的星状花。

（二）多年生杂草

1. 无芒雀麦

无芒雀麦为多年生禾本科杂草，分布于东北、西北地区。秋季萌发。种子及根茎繁殖。有根状茎。秆光滑，高 50～100 cm，叶鞘闭合；叶片光滑，圆锥花序，含 4～8 朵小花，花无芒。喜冷凉干燥的气候，适应性强，耐干旱、耐寒冷，也能在瘠薄的沙质土壤上生长，在肥沃的土壤上或黏壤土上生长茂盛。

2. 偃麦草

偃麦草分布于内蒙古及西北诸省区。为多年生禾本科杂草，春秋都可以萌发。一旦在草坪中生成，并维持 2 cm 高度，则很难根除。种子及根茎繁殖，具横走根状茎。秆成疏丛，光滑无毛。叶片扁平，叶耳膜质，长爪状，细小。穗状花序直立，小穗含 5～10 朵小花。

3. 香附子

香附子为多年生莎草科杂草，常分布于全国各地的草坪中。茎匍匐，根状茎三棱无节，黄绿色。无花被，复伞形花序。以种子、根茎及果核繁殖，主要靠无性繁殖，所以能迅速繁殖形成群体。

4. 蒲公英

蒲公英广布于东北、华北、华东、华中、西北、西南等地，为多年生草本，是我国常见草坪杂草。春季萌发。根再生能力强，因而不易根除。种子及根繁殖。根肥厚而肉质，圆锥形。株高 10～40 cm，全草有白色乳汁。叶莲座状平展，倒披针形，逆向羽状深裂。头状花序，全为舌状花组成，黄色。瘦果，褐色，冠毛白色。

5. 酸模

酸模分布于吉林、辽宁、河北、山西、新疆、江苏、浙江、湖北、四川、云南等地，多生于潮湿肥沃土壤。酸模是多年生草本，春季萌发。种子及不定芽繁殖。茎直立，通常单生不分枝，基生叶有长柄，叶片矩圆形，茎生叶较小，披针形无柄。托叶鞘膜质。圆锥花序顶生，花小。瘦果椭圆形，具三棱，暗褐色且有光泽。

6. 车前草

车前草分布于全国各地，是草坪常见的多年生杂草。春秋萌发。种子或自根部发出新茎繁殖。根状茎短粗，有须根。叶基生成莲座，叶片椭圆形，叶脉近平行，基部成鞘状，无托叶。穗状花序，生于花葶上部；花小，花冠干膜质，淡绿色。

二、草坪杂草的防除

杂草是引起草坪外观质量和功能质量退化的主要因素之一，在预防和防治草坪杂草时除使用化学防除法和物理防除法外，在建植草坪时还应选择适应当地环境条件的草坪品种，遵循草坪建植程序，采用促进草坪健康生长的管理措施等，尽量减少或去除杂草发生和生长的条件。不过，一旦出现杂草，必须及时迅速地去除，以免其扩散，增加养护成本。防除杂草的基本原则是"预防为主，综合防治"，对草坪杂草一定要"除早、除小、除了"，防止其大面积发生。

（一）杂草防治的策略

（1）利用自然竞争的原理，创造有利于草坪草生长而不适于杂草生长的环境。如适时、适高修剪草坪。

（2）减少杂草种子入侵的机会，如建坪时使用不含杂草种子的种子和种苗；对草坪的床土适时处理，防止杂草种子萌发、生长。

（3）杂草数量较多时使用除草剂防除。

（4）在苗期和数量不大时可人工拔除。

（二）杂草防治的方法

杂草防治是草坪建植和养护的一项长期而艰巨的重要工作，发生前采取有效的预防措施，发生后采用合适的防治措施。

1. 预防措施

草坪播种前应对土壤进行处理，杀灭杂草种子。在草坪草品种选择上，要因地制宜地选择优质、竞争力强的草坪品种，适地适草，增强与杂草的竞争力。在种子使用前，应加强种子检疫。如果是用营养繁殖法建坪，要将草皮或草茎等材料中的杂草清除干净。播种时应选择好播种时间，创造有利于草坪草生长而不利于杂草生长的环境，还可在播种时加大播种量提高草坪草的竞争力。

加强草坪草的日常管理，使其生长健壮，提高其竞争能力。在杂草发生初期进行拔除，预防其扩展。有些杂草不耐修剪，可定期修剪，控制其生长。合理设置修剪留茬高度可有效控制杂草。

2. 防治措施

人工拔除在我国广泛使用，虽见效快，但不适合大面积作业，在拔除过程中会对草坪造成一定的损伤。有时还出现杂草根系被拔断残留在土壤中，易再次萌发。拔除的杂草要及时运离草坪，避免复活。

生物防治是指利用有益昆虫、微生物等来控制和消灭杂草，同时也可利用植物种间竞争特征，用某种植物的良好生长来控制另一种植物的生长。

化学防治是利用化学除草剂进行草坪杂草防治。化学防治费用低，劳动强度不大，适于机械化大面积作业，但除草剂选择或剂量控制不当时，会给草坪草的正常生长发育造成危害，也会造成环境污染。

不管采用什么防治方法，都应在杂草结籽之前进行，杂草种子一旦成熟散落，防治效果就会大打折扣。

> **相关知识**

一、草坪杂草的含义

凡是生长在人工种植的土地上，除目的栽培植物外的所有植物都是杂草。草坪杂草是草坪上除栽培的目的草坪植物外的其他植物。即长错了地方的植物都称为杂草。

由于草坪的类型、使用目的、培育程度的不同，草坪草与某些杂草之间可相互转化，在某些情况下本身能形成良好的草坪，属草坪草，而在其他草坪草建植的草坪中，则会变成草坪杂草而应予以灭除。如匍匐剪股颖建植高尔夫球场时是优良草种,但混入草地早熟禾草坪时,则因构成斑块而需要防除。即杂草的概念具有相对性。

有些植物,如狗尾草、马唐、藜、蒲公英、车前草等由于其本身各方面都不具备草坪草的特点和要求,不论在哪种草坪中,都被看成是杂草。

杂草损害草坪的整体外观,并与草坪草竞争阳光、水分、矿物质和空间,降低草坪草的生活力。

二、草坪杂草的分类

(一)按生命周期分类

1. 一年生杂草

一年生杂草的生活周期在一年内完成。一般在春季 4~5 月萌发,夏季 6~8 月是其生长旺盛期,也是其主要危害期,秋季开花结实然后死亡。如一年生早熟禾、马唐、稗草等。

2. 二年生杂草

生活周期在两年内完成。一般在秋季萌发生长,以幼芽越冬,第二年春季返青,春末夏初迅速生长,而后开花结实,待种子成熟后枯死。其主要危害时期为春季、秋季。如黄花蒿、牛蒡、益母草等。

3. 多年生杂草

生活周期在 3 年或 3 年以上的时间完成,既可通过种子繁殖又能以根茎等营养器官繁殖。因营养繁殖的方式不同,又可分为匍匐根状茎类,如狗牙根等;地下根状茎类,如芦苇、蒲公英、车前草等。多年生杂草抗药性强且不易除尽,一般多在春季萌发,夏秋季生长旺盛,晚秋至冬季地上部分枯萎,危害期为 5~9 月,如车前草、白茅、香附子等。

(二)按植物对除草剂的敏感性分类

1. 禾草

禾草属于禾本科植物。主要形态特征为叶片狭长、叶脉平行,无叶柄;茎圆形或扁形,分节,节间中空。如马唐、稗草、牛筋草、狗尾草等。

2. 莎草

莎草属于莎草科植物,其叶片形态与禾草相似,但叶片表层有蜡质层,较光滑;茎三棱,不分节,实心。如香附子、异型莎草等。

3. 阔叶型杂草

阔叶型杂草包括双子叶的杂草和部分单子叶杂草。主要形态特征为叶片宽大,有柄;茎常为实心。如反枝苋、苘麻、马齿苋、荠菜等。

(三)按生存环境分类

1. 旱生型杂草

旱生型杂草是指比较耐干旱的环境,在少水和无水条件下均能生长的杂草类型,也是最主要的一种杂草类型。如马唐、苦菜等。

2. 湿生型杂草

湿生型杂草是指生长环境要求土壤湿润度较大的杂草类型。如双穗雀稗、空心莲子草等。

3. 沼生型杂草

沼生型杂草是指生长环境要求土壤水分适中的杂草类型。如异型莎草、鸭舌草等。

4. 水生型杂草

水生型杂草是指生长环境要求必须有水的杂草类型。如眼子菜、小茨藻等。

三、草坪杂草的危害

草坪杂草要及时防除,如任由其在草坪内生长,就会对草坪和人、畜产生巨大的损害,其危害具体表现在以下几个方面:

(1)杂草损害草坪的均一性、破坏环境美观。杂草自然生长的大多数具有较强的竞争力和适应性,生长也较迅速,如任由其生长,会损害草坪的均一性,久而久之,还会替代所栽培的草坪植物,引起草坪退化。同一类型草坪在不同土壤条件、不同季节会有不同的杂草入侵,如春季的蒲公英、车前草、香附子等,雨季的曼陀罗、苋菜等,夏季的狗尾草、藜等,它们都能在适宜的环境下迅速入侵草坪,从而增加养护费用和强度。

(2)杂草影响和阻碍草坪草的正常生长发育。草坪杂草的生长必然会与草坪草竞争阳光、养分、空气和生存空间,且草坪杂草适应性强,生长迅速,在同样的环境条件下会迅速地覆盖草坪草。如芥菜、独行菜等草坪杂草,在早春时节出苗就快于草坪草,有利于其争夺生存空间;而像狗尾草、牛筋草等草坪杂草在雨水充足时生长迅速,几天之内就能超过草坪草。

(3)杂草还是病虫的寄宿地和传播病虫害的载体。很多病虫害利用杂草的地上部分进行繁殖、越冬,且随杂草的蔓延而扩散。如苦苣菜、车前草可寄存蚜虫、地老虎等害虫;狗尾草可寄存褐斑病。

有些杂草的种子、乳汁和气味之中含有毒素,如罂粟花、曼陀罗、毒麦、猪秧秧等。有些杂草的芒、叶、茎、分枝等较尖锐,很容易刺入人畜体内,如针茅的茎。还有些杂草的花粉和气味容易使人过敏或诱发疾病,如豚草导致呼吸器官过敏,诱发哮喘病。

知识拓展

除草剂的分类

除草剂是指可使杂草彻底地或选择地发生枯死的药剂,采用除草剂除草,省工、投入少、效果好,目前在园林绿化中日益受到重视。

除草剂可按作用方式、施药部位、化合物来源等多方面分类。

一、根据作用方式分类

(1)选择性除草剂:除草剂对不同种类的苗木,抗性程度也不同,此药剂可以杀死杂草,而对苗木无害。如盖草能、氟乐灵、扑草净、西玛津、果尔等。

(2)灭生性除草剂:除草剂对所有植物都有毒性,只要接触绿色部分,不分苗木和杂草,都会受害或被杀死。主要在播种前、播种后出苗前、苗圃主副道上使用。如草甘膦等。

二、根据除草剂在植物体内的移动情况分类

(1)触杀型除草剂:药剂与杂草接触时,只杀死与药剂接触的部分,起到局部的杀伤作用,植物体内不能传导。只能杀死杂草的地上部分,对杂草的地下部分或有地下茎的多年生深根性杂草,则效果较差。如除草醚、百草枯等。

(2)内吸传导型除草剂:药剂被根系或叶片、芽鞘或茎部吸收后,传导到植物体内,使植物死亡。如草甘膦、扑草净等。

(3)内吸传导、触杀综合型除草剂:具有内吸传导、触杀型双重功能,如杀草胺等。

三、根据化学结构分类

(1)无机化合物除草剂:由天然矿物原料组成,不含有碳素的化合物,如氯酸钾、硫酸铜等。

(2)有机化合物除草剂:主要由苯、醇、脂肪酸、有机胺等有机化合物合成。如醚类——果尔、均三氮苯类——扑草净、取代脲类——除草剂一号、苯氧乙酸类——2甲4氯、吡啶类——盖草能、二硝基苯胺类——氟乐灵、酰胺类——拉索、有机磷类——草甘膦、酚类——五氯酚钠等。

四、按使用方法分类

(1)茎叶处理剂:将除草剂溶液兑水,以细小的雾滴均匀地喷洒在植株上,这种喷洒法使用的除草剂叫茎叶处理剂,如盖草能、草甘膦等。

(2)土壤处理剂:将除草剂均匀地喷洒到土壤上形在一定厚度的药层,当杂草种子的幼芽、幼苗及其根系被接触吸收而起到杀草作用,这种作用的除草剂,叫土壤处理剂,如西玛津、扑草净、氟乐灵等,可采用喷雾法、浇洒法、毒土法施用。

(3)茎叶、土壤处理剂:可作茎叶处理,也可作土壤处理,如阿特拉津等。

参 考 文 献

[1] 韩烈保,等.草坪建植与管理手册[M].北京:中国林业出版社,1999.

[2] 何晓玲,等.草坪建植常识[M].上海:上海科学普及出版社,2000.

[3] 杨凤云,等.草坪建植与管理技术[M].大连:大连理工大学出版社,2012.

[4] 孙吉雄.草坪技术指南[M].北京:科学技术文献出版社,2000.

[5] 陈志一.草坪栽培与养护[M].北京:中国农业出版社,2000.

[6] 苏振保.草坪养护技术[M].北京:中国农业出版社,2001.

[7] 周兴元.草坪建植与养护[M].北京:高等教育出版社,2006.

[8] 孙晓刚.草坪建植与养护[M].北京:中国农业出版社,2002.

[9] 陈志明.草坪建植与养护[M].北京:中国林业出版社,2002.

[10] 鲁朝辉,等.草坪建植与养护[M].重庆:重庆大学出版社,2009.

[11] 黄复瑞,等.现代草坪建植与管理技术[M].北京:中国农业出版社,1999.

[12] 孙彦,等.草坪实用技术手册[M].北京:化学工业出版社,2002.

[13] 胡林,等.草坪科学与管理[M].北京:中国农业大学出版社,2001.

[14] 边秀荣,等.现代草坪营养与施肥[M].北京:中国农业出版社,2002.

[15] 赵燕.草坪建植与养护[M].北京:中国农业大学出版社,2007.

[16] 俞国胜,等.草坪机械[M].北京:中国林业出版社,1999.

[17] 韩烈保,等.运动场草坪[M].北京:中国林业出版社, 1999.

[18] 赵美琦,等.草坪养护技术[M].北京:中国林业出版社,2001.

[19] 龚束芳.实用草坪栽培与管理[M].哈尔滨:东北林业大学出版社,2001.

[20] 王彩云.草坪建植与养护彩色图说[M].北京:中国农业出版社, 2002.

[21] 郑长艳.草坪建植与养护[M].北京:化学工业出版社,2009.

[22] 龚束芳.草坪栽培与养护管理[M].北京:中国农业科学技术出版社,2008.

[23] 赵美琦,等.现代草坪养护管理技术问答[M].北京:化学工业出版社,2009.

[24] 鲜小林.草坪建植手册[M].四川:四川科技出版社,2005.

[25] The Lawn Expert. Dr. D. G. Hessayon[M]. London:Expert Books,1996.

[26] 赖军臣,李少昆,等. 作物病害机器视觉诊断研究进展[J].中国农业科学,2009(4):1215-1219.

[27] 齐晓,周禾,等. 草坪病虫草害生物防治技术研究进展[J].草原与草坪,2006(6):3-6.

[28] 刘自学,陈光耀. 城市草坪绿地与人类保健[J].草业科学,2004(5):80-81.

[29] 谢春燕,吴达科. 光谱技术在作物病虫害检测中的研究进展及展望[J].农机化研究,2009(9):10-12.

[30] 宋桂龙. 人造草坪建造时应考虑的主要因素[J].四川草原,2005(2):47-48.

[31] 严智燕,等. 植物病虫害防治中农业专家系统的研究进展[J].中国农学通报,2005(5):415-417.

[32] 陈志明.草坪建植技术[M].北京:中国农业出版社,2001.

[33] 杨雄.客土喷播技术在洛南高速公路的应用[J]. 硅谷,2008(4):34-35.

[34] 苗振杰.浅谈草坪叶面施肥技术[J]. 现代农村科技,2010 (11):45.

[35] 李素梅. 草坪复壮与更新[J].新农业,2011(8):45.

[36] 袁军辉,等.草坪建植与管理技术[M].兰州:兰州大学出版社,2004.

[37] 周兴元,等. 草坪建植与养护[M].南京:江苏教育出版社,2012.